알쏭달쏭 헷갈리는 맞춤법

엄마표
또또 어휘 1

알쏭달쏭 헷갈리는 맞춤법

엄마표 또또 어휘 1

초판 1쇄 발행일 2023년 11월 24일
초판 2쇄 발행일 2023년 12월 1일

지은이   권선홍
펴낸이   유성권

편집장   양선우
기획   정지현   책임편집   윤경선
편집   김효선 조아윤   홍보   윤소담 박채원   디자인   박정실
마케팅   김선우 강성 최성환 박혜민 심예찬 김현지
제작   장재균   물류   김성훈 강동훈

펴낸곳   ㈜이퍼블릭
출판등록   1970년 7월 28일, 제1-170호
주소   서울시 양천구 목동서로211 범문빌딩 (07995)
대표전화   02-2653-5131 | 팩스 02-2653-2455
메일   loginbook@epublic.co.kr
포스트   post.naver.com/epubliclogin
홈페이지   www.loginbook.com
인스타그램   @book_login

로그인 은 ㈜이퍼블릭의 어학·자녀교육·실용 브랜드입니다.

알쏭달쏭 헷갈리는 맞춤법

엄마표 또또 어휘1

권선홍 지음

로그인

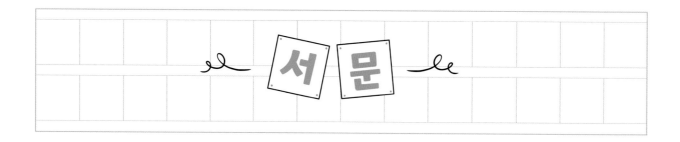

맞춤법 원고를 작성하고 있는데 딸아이가 보더니 글자가 많이 틀렸다고 합니다. 본문 내용 중 '공깃밥, 수 캉아지'를 '공기밥, 수강아지'로 고치라는 것이었습니다. 아이의 지적이 틀린 걸 알면서도 아빠를 위하는 마음이 고마워 칭찬을 해 준 뒤 더 찾아보라고 하니 '수퇘지, 시곗바늘, 등굣길' 등을 더 찾아주었습니다. 아빠가 책을 내는데 틀린 글자가 많아 걱정됐는지 열심히 찾는 딸의 모습이 기특했습니다. 원고를 쓰면서 여러 고민 을 하고 있던 차에 이 일을 계기로 본 교재가 학생들에게 큰 도움이 될 수 있다는 자신감을 갖고《엄마표 또또 어휘》1권을 마저 집필할 수 있었습니다.

서점에서 한글 맞춤법 책을 펼치면 '갯수'와 '개수' 가운데 어느 것이 맞는 단어일까요? 형식의 질문이 많이 나 옵니다. 문제를 제시하고는 아래에 정답과 함께 이렇게 설명합니다.

정답: 개수(O), 갯수(X)

'개수'는 [개쑤]로 발음되므로 사이시옷을 사용해야 하나 개수(個數)가 한자어이기 때문에 사이시옷을 쓰 지 않습니다. 사이시옷은 고유어가 결합할 때 또는 고유어와 한자어가 결합할 때 생깁니다.

위의 문제와 설명은 맞춤법을 정확히 익히려면 꼭 알아야 하는 내용이지만 설명 자체가 어렵다 보니 이해 하기가 쉽지 않습니다. 계속 공부하다 보면 나중에는 틀린 어휘와 맞는 어휘가 함께 학습되는 예상치 못한 일 도 발생합니다.

이 책《엄마표 또또 어휘》1권은 기존의 '둘 중 어느 것이 맞을까요?' 형식보다는 '해돋이, 등받이, 달맞이, 턱받이'처럼 비슷한 발음 규칙을 가진 단어를 묶음으로 제시하여 긴 설명 없이도 음운 규칙을 이해하고 맞춤법 규칙을 깨달을 수 있도록 하였습니다. 단순히 따라 쓰기를 통해 맞춤법을 익히는 것이 아니라 단어 스도쿠, 숨은 단어 찾기, 빈칸 채우기 등의 재미있는 활동을 통해 헷갈리는 어휘를 학습하도록 하였습니다. 부록인 '도전! 맞춤법'을 통해서는 책에서 배운 내용을 복습하는 동시에 자신의 한글 맞춤법 실력을 시험해 볼 수 있도록 하였습니다. 배운 내용을 단기 기억에서 장기 기억으로 이어갈 수 있는 방법이기도 합니다. 본문에 담지 못한 어려운 어휘들은 따로 정리하여 'AI도 헷갈리는 맞춤법'에 담았습니다.

다만, 아이들이 이해하기 어렵거나 많이 사용하지 않는 단어, 이를테면 '넓죽하다, 읊조리다, 남루하다' 같은 단어들은 제외하였습니다. 《엄마표 또또 한글》2권에 제시했던 겹받침 단어(넓다, 밟다, 흙 등)와 동음이의어(빗, 빛, 빗 등) 등도 제외하였습니다. 이런 어휘들이 헷갈리는 학생들은 《엄마표 또또 한글》2권을 복습하기 바랍니다.

이 책《엄마표 또또 어휘》1권을 완벽하게 익히면 맞춤법이 헷갈리거나 맞춤법 때문에 고생하는 일은 없을 거라 자신합니다. 이 책을 통해 자라나는 우리 아이들의 문해력과 한글 활용 능력이 향상되기를 기대합니다.

권 선 홍

차 례

부록

또또 어휘 도전! 맞춤법
AI도 헷갈리는 맞춤법

178

✧ 이 책을 활용하는 법 ✧

1단계 살펴보기

핵심 주제

따라 쓰기

소리 내어 읽고 단어를
따라 써 보세요.

문장 활용

문장과 연결 지어 단어를
공부해 보세요.

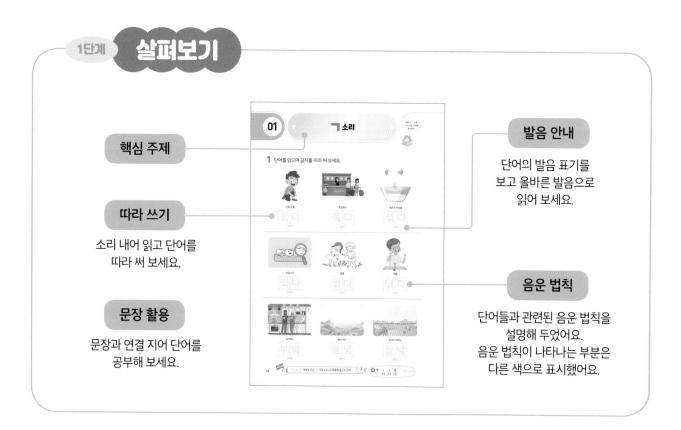

발음 안내

단어의 발음 표기를
보고 올바른 발음으로
읽어 보세요.

음운 법칙

단어들과 관련된 음운 법칙을
설명해 두었어요.
음운 법칙이 나타나는 부분은
다른 색으로 표시했어요.

2단계 활동하기

숨은 단어
찾기

빈칸 채우기

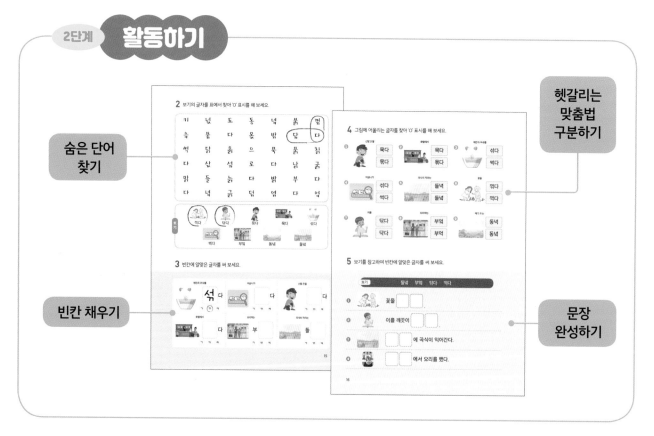

헷갈리는
맞춤법
구분하기

문장
완성하기

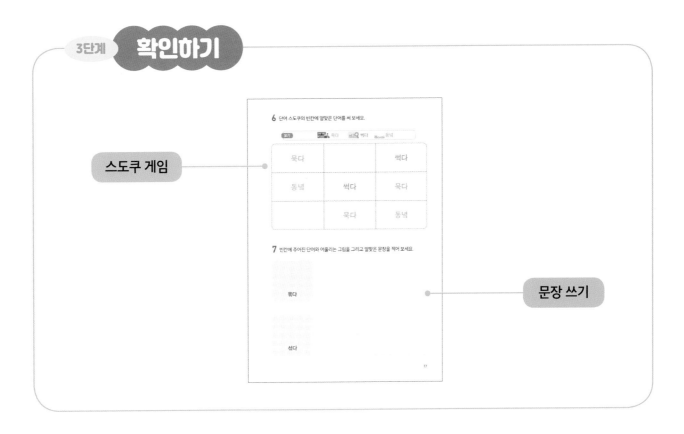

스도쿠 게임

문장 쓰기

스 도 쿠

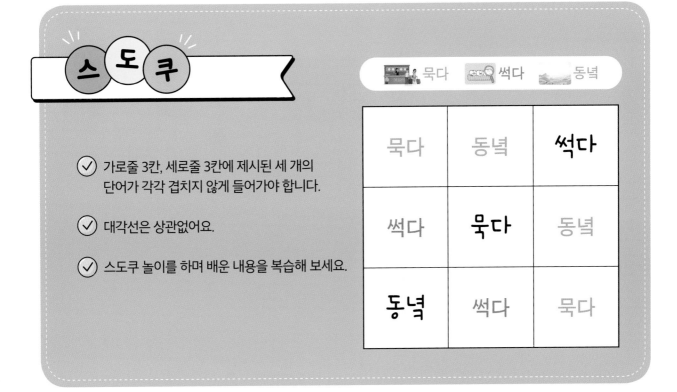

묵다   썩다   동녘

✓ 가로줄 3칸, 세로줄 3칸에 제시된 세 개의
  단어가 각각 겹치지 않게 들어가야 합니다.

✓ 대각선은 상관없어요.

✓ 스도쿠 놀이를 하며 배운 내용을 복습해 보세요.

묵다	동녘	썩다
썩다	묵다	동녘
동녘	썩다	묵다

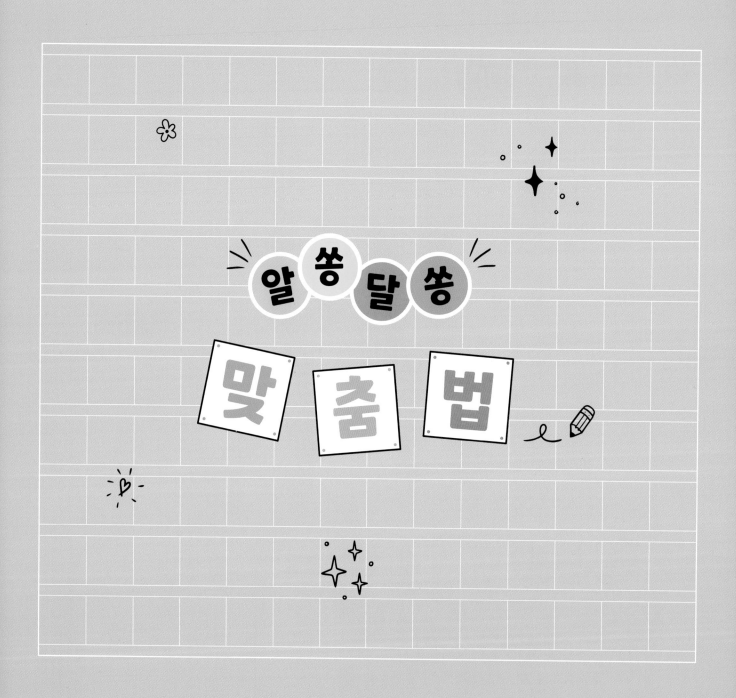

1장

ㄱ 소리

받침이 ㄱ으로 소리 나는 단어를 알아보자.

1 단어를 읽으며 글자를 따라 써 보세요.

신발 끈을

[묶따]

호텔에서

묶다

[묵따]

계란과 우유를

석다

[석따]

어금니가

[썩따]

꽃을

꺾다

[꺽따]

이를

닦다

[닥따]

요리하는

[부억]

해가 뜨는

동녘

[동녁]

곡식이 자라는

들녘

[들럭]

Point!

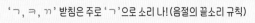'ㄱ, ㅋ, ㄲ' 받침은 주로 'ㄱ'으로 소리 나! (음절의 끝소리 규칙)

예 녘 : ㄴ ㅕ ㅋ 음절의 끝소리

2 보기의 글자를 표에서 찾아 'O' 표시를 해 보세요.

키	넋	도	동	녘	붉	꺾
을	묶	다	못	밖	닭	다
썩	닭	흙	으	묵	묽	칡
다	샀	섞	로	다	낡	굵
맑	들	늙	다	밝	부	다
다	녘	굵	덖	엮	다	억

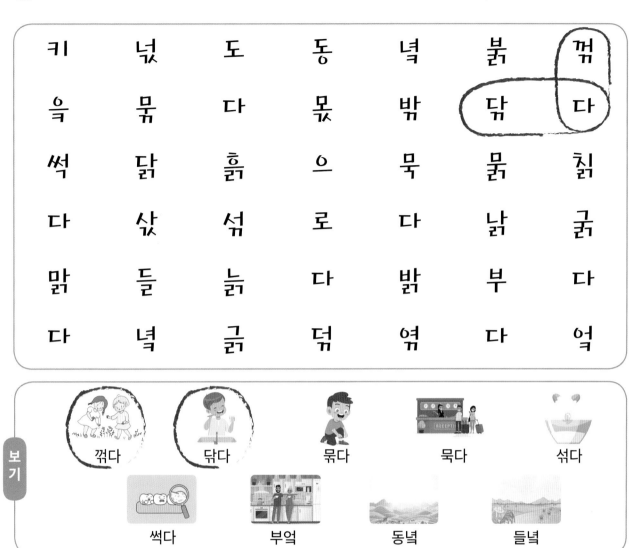

보기

꺾다 닦다 묶다 묵다 섞다

썩다 부엌 동녘 들녘

3 빈칸에 알맞은 글자를 써 보세요.

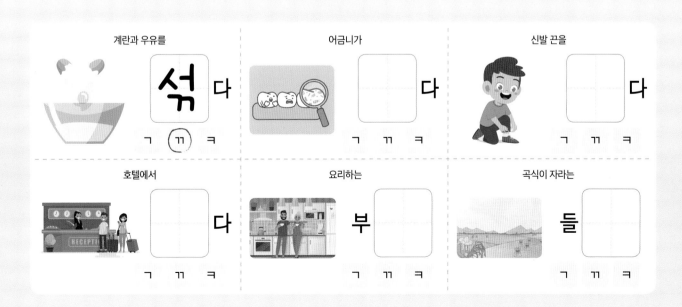

계란과 우유를 섞 다   ㄱ ㉠ ㅋ

어금니가 ☐ 다   ㄱ ㄲ ㅋ

신발 끈을 ☐ 다   ㄱ ㄲ ㅋ

호텔에서 ☐ 다   ㄱ ㄲ ㅋ

요리하는 부 ☐   ㄱ ㄲ ㅋ

곡식이 자라는 들 ☐   ㄱ ㄲ ㅋ

4 그림에 어울리는 글자를 찾아 'O' 표시를 해 보세요.

5 보기를 참고하여 빈칸에 알맞은 글자를 써 보세요.

6 단어 스도쿠의 빈칸에 알맞은 단어를 써 보세요.

| 보기 | 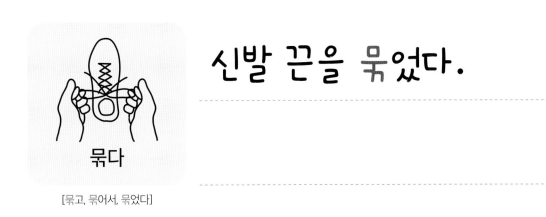 묵다 | 썩다 | 동녘 |

묵다		썩다
동녘	썩다	
	묵다	동녘

7 빈칸에 주어진 단어와 어울리는 그림을 그리고 알맞은 문장을 적어 보세요.

묶다

[묶고, 묶어서, 묶었다]

신발 끈을 묶었다.

섞다

[섞고, 섞어서, 섞었다]

ㄷ 소리 1

1 단어를 읽으며 글자를 따라 써 보세요.

감기가

[낟따]

온도가

[낟따]

닭이 알을

[나타]

경찰이 범인을

[쫃따]

돈을

[졷따]

친구와 사이가

[조타]

머리를

[빋따]

도자기를

[빋따]

연필을

[꼳따]

18

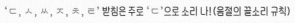

'ㄷ, ㅅ, ㅆ, ㅈ, ㅊ, ㅌ' 받침은 주로 'ㄷ'으로 소리 나! (음절의 끝소리 규칙)

예 멋 : ㅁ ㅓ ㅈ ← 음절의 끝소리

2 보기의 글자를 표에서 찾아 'O' 표시를 해 보세요.

낳	맛	못	빛	쫓	다	숯
다	젓	가	락	옷	빗	가
숯	좋	다	찾	꽂	낮	락
자	빗	온	좋	씻	다	쏟
낫	자	갖	붓	다	벗	빚
다	루	빗	다	벗	꽂	다

보기

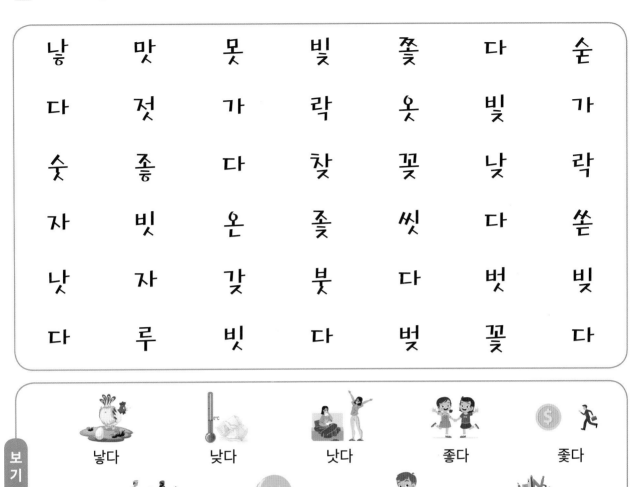

낳다 낮다 낫다 좋다 좇다

쫓다 빗다 빚다 꽂다

3 빈칸에 알맞은 글자를 써 보세요.

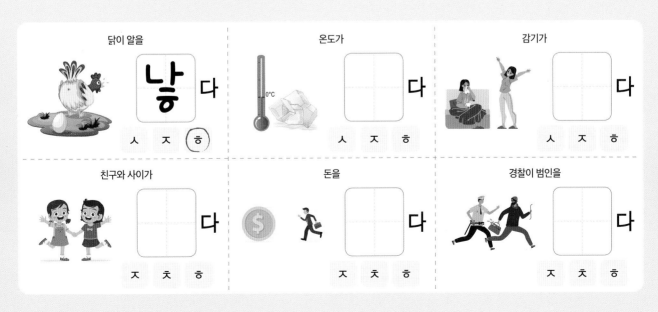

닭이 알을 **낳** 다 ㅅ ㅈ (ㅎ)

온도가 □ 다 ㅅ ㅈ ㅎ

감기가 □ 다 ㅅ ㅈ ㅎ

친구와 사이가 □ 다 ㅈ ㅊ ㅎ

돈을 □ 다 ㅈ ㅊ ㅎ

경찰이 범인을 □ 다 ㅈ ㅊ ㅎ

19

4 그림에 어울리는 글자를 찾아 'O' 표시를 해 보세요.

① 감기가 / 낫다 / 낮다

② 닭이 알을 / 낫다 / 낳다

③ 돈을 / 좇다 / 쫓다

④ 온도가 / 낫다 / 낮다

⑤ 친구와 사이가 / 좋다 / 좇다

⑥ 머리를 / 빚다 / 빗다

⑦ 경찰이 범인을 / 좇다 / 쫓다

⑧ 연필을 / 꽂다 / 꽃다

⑨ 도자기를 / 빚다 / 빗다

5 보기를 참고하여 빈칸에 알맞은 글자를 써 보세요.

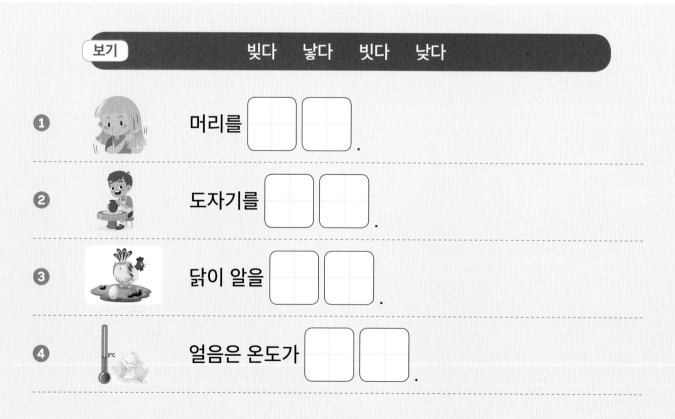

보기　　빚다　낳다　빗다　낮다

① 머리를 ☐☐.

② 도자기를 ☐☐.

③ 닭이 알을 ☐☐.

④ 얼음은 온도가 ☐☐.

6 단어 스도쿠의 빈칸에 알맞은 단어를 써 보세요.

보기 낫다 $ 좇다 꽂다

낫다	꽂다	
좇다		꽂다
	좇다	낫다

7 빈칸에 주어진 단어와 어울리는 그림을 그리고 알맞은 문장을 적어 보세요.

쫓다 [쫓고, 쫓아, 쫓는]	

좋다 [좋아한다, 좋았었다, 좋아서]	

ㄷ 소리 2

받침이 'ㄷ'으로 소리 나는 단어를 알아보자.

1 단어를 읽으며 글자를 따라 써 보세요.

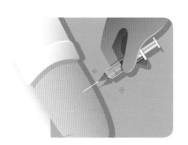

주사를

[맏따]

꽃향기를

[맏따]

어깨에 손이

[다타]

문을

[닫따]

집을

[짇따]

멍멍

[짇따]

비밀번호를

[읻따]

전구와 전지를

(=연결하다)

[읻따]

종이를

[찓따]

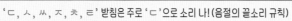
'ㄷ, ㅅ, ㅆ, ㅈ, ㅊ, ㅌ' 받침은 주로 'ㄷ'으로 소리 나! (음절의 끝소리 규칙)

예 잇: ㅇ ㅣ ㅅ 음절의 끝소리

2 보기의 글자를 표에서 찾아 'O' 표시를 해 보세요.

꽃	맡	달	빛	짓	숯	불
닿	쫓	다	붙	잊	다	티
끝	다	히	응	꽂	근	읔
겉	낱	알	단	치	읕	찢
맞	뱉	짖	다	즈	잇	다
다	밑	그	림	돚	단	배

보기

맞다　　맡다　　닿다　　닫다　　짓다

짖다　　잊다　　잇다　　찢다

3 빈칸에 알맞은 글자를 써 보세요.

주사를 [　] 다　ㅈ ㅌ

꽃향기를 [　] 다　ㅈ ㅌ

어깨에 손이 [　] 다　ㄷ ㅎ

문을 [　] 다　ㄷ ㅎ

전구와 전지를 [　] 다　ㅅ ㅈ

비밀번호를 [　] 다　ㅈ ㅊ

4 그림에 어울리는 글자를 찾아 'O' 표시를 해 보세요.

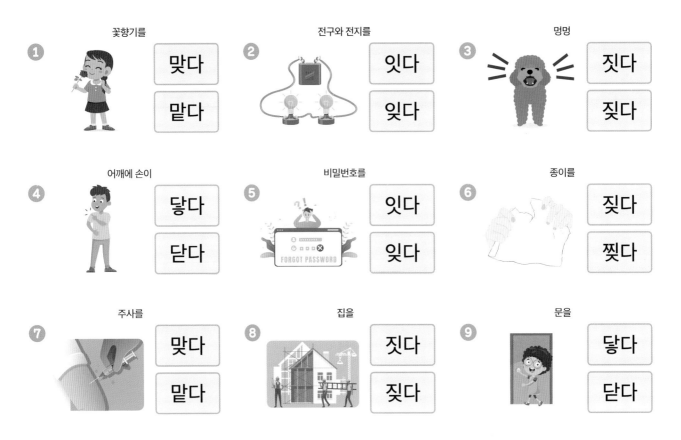

5 보기를 참고하여 빈칸에 알맞은 글자를 써 보세요.

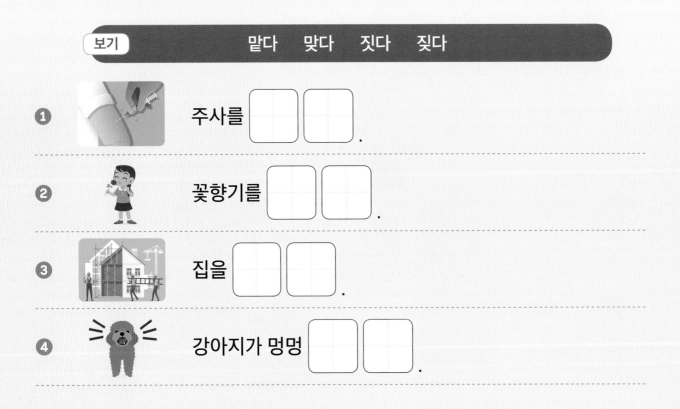

6 단어 스도쿠의 빈칸에 알맞은 단어를 써 보세요.

잇다   찢다   잊다

	잊다	찢다
잇다	찢다	
	잇다	

7 빈칸에 주어진 단어와 어울리는 그림을 그리고 알맞은 문장을 적어 보세요.

닿다

[닿아서, 닿으니, 닿았다]

닫다

[닫았다, 닫아서, 닫자마자]

받침이 'ㄹ' 또는 'ㅂ'으로 소리 나는 단어를 알아보자.

1 단어를 읽으며 글자를 따라 써 보세요.

물이

[끌타]

수레를

[끌다]

무릎을

[꿀타]

병을

[알타]

정답을

[알다]

빌린 돈을

[갑따]

아기를

[업따]

케첩을

[업따] (=뒤집다)

친구가

[업따]

 Point! 'ㄹㅂ, ㄹㅎ' 받침은 주로 'ㄹ'로 'ㅍ, ㅂㅅ' 받침은 주로 'ㅂ'으로 소리 나! (음절의 끝소리 규칙)

2 보기의 글자를 표에서 찾아 'O' 표시를 해 보세요.

뚫	닳	싫	업	무	릎	끓
끌	다	옳	다	피	앓	다
깊	짚	신	형	읖	오	밥
이	알	다	겁	섭	지	없
값	잎	사	귀	엎	랎	다
끓	다	앞	치	마	다	값

보기

알다   끌다   꿇다   앓다   끓다

갚다   업다   엎다   없다

3 빈칸에 알맞은 글자를 써 보세요.

수레를   다   ㄹ   ㄹㅎ

물이 펄펄   다   ㄹ   ㄹㅎ

무릎을   다   ㄹ   ㄹㅎ

아기를 등에   다   ㅂ   ㅂㅅ   ㅍ

같이 놀 친구가   다   ㅂ   ㅂㅅ   ㅍ

케첩을   다   ㅂ   ㅂㅅ   ㅍ

4 그림에 어울리는 글자를 찾아 'O' 표시를 해 보세요.

① 친구가
업다
없다

② 빌린 돈을
갚다
갑다

③ 아기를
업다
없다

④ 정답을
알다
앓다

⑤ 케첩을
업다
엎다

⑥ 병을
알다
앓다

⑦ 무릎을
꿀다
꿇다

⑧ 수레를
끌다
끓다

⑨ 물이
끌다
끓다

5 보기를 참고하여 빈칸에 알맞은 글자를 써 보세요.

보기   끓다 업다 없다 앓다

① 물이 펄펄 ☐☐.

② 병을 ☐☐.

③ 아기를 등에 ☐☐.

④ 같이 놀 친구가 ☐☐.

6 단어 스도쿠의 빈칸에 알맞은 단어를 써 보세요.

보기   🍷 엎다   👨‍💼 갚다   🧒 꿇다

		꿇다
꿇다		갚다
갚다		엎다

7 빈칸에 주어진 단어와 어울리는 그림을 그리고 알맞은 문장을 적어 보세요.

알다

[알고, 알아서, 알았었다]

끌다

[끌고, 끌어서, 끌었다]

연음 1

'ㄱ, ㄷ, ㅅ' 받침이 다음 글자로 연결되는 단어를 알아보자.

1 단어를 읽으며 글자를 따라 써 보세요.

낙엽
[나겹]

악어
[아거]

복어
[보거]

첫째 아들

맏아들
[마다들]

믿음
[미듬]

맛없다
[맏] [마덥따]

웃음
[우슴]

맛있다
[마싣따]

멋있다
[머싣따]

2 보기의 글자를 표에서 찾아 'O' 표시를 해 보세요.

맛	어	복	충	민	눈	맛
낙	있	린	어	음	약	없
엽	서	다	이	얼	음	다
문	호	웃	맏	아	들	식
자	악	어	음	한	여	름
군	인	인	어	멋	있	다

보기

낙엽　　악어　　복어　　맏아들　　믿음

맛없다　　웃음　　맛있다　　멋있다

3 빈칸에 알맞은 글자를 써 보세요.

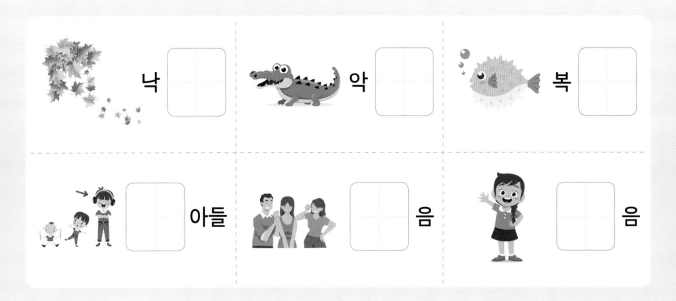

낙 □　　악 □　　복 □

□ 아들　　□ 음　　□ 음

4 그림에 어울리는 글자를 찾아 'O' 표시를 해 보세요.

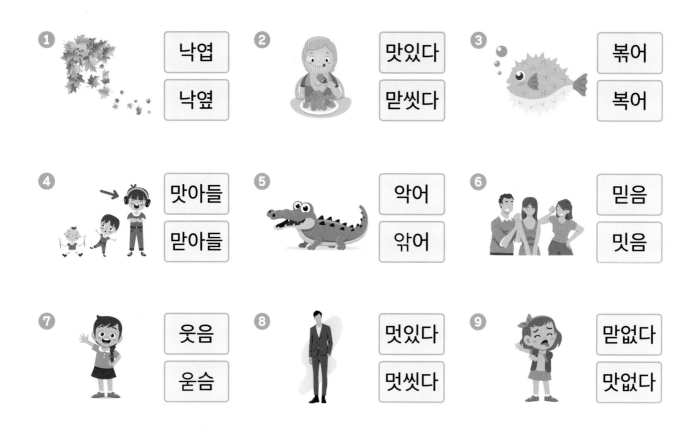

① 낙엽 / 낙엾

② 맛있다 / 맏씻다

③ 볶어 / 복어

④ 맛아들 / 맏아들

⑤ 악어 / 앆어

⑥ 믿음 / 밋음

⑦ 웃음 / 웉슴

⑧ 멋있다 / 멋씻다

⑨ 맏없다 / 맛없다

5 보기를 참고하여 빈칸에 알맞은 글자를 써 보세요.

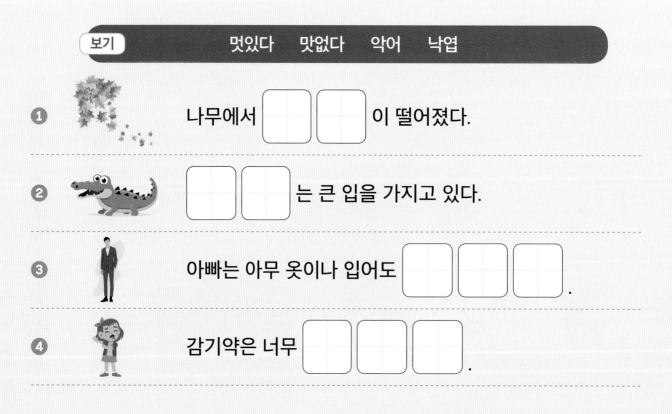

보기   멋있다   맛없다   악어   낙엽

① 나무에서 ☐☐ 이 떨어졌다.

② ☐☐ 는 큰 입을 가지고 있다.

③ 아빠는 아무 옷이나 입어도 ☐☐☐ .

④ 감기약은 너무 ☐☐☐ .

6 단어 스도쿠의 빈칸에 알맞은 단어를 써 보세요.

보기 믿음   맏아들   웃음

	맏아들	
맏아들	웃음	믿음
웃음		

7 빈칸에 주어진 단어와 어울리는 그림을 그리고 알맞은 문장을 적어 보세요.

맛있다

[맛있게, 맛있어서, 맛있고]

복어

연음 2

'ㄴ, ㄹ' 받침이
다음 글자로 연결되는
단어를 알아보자.

1 단어를 읽으며 글자를 따라 써 보세요.

[무너]

[어리니]

[구닌]

[이너]

[어름]

[거름]

[나드리]

[물렫]

[물략]

2 보기의 글자를 표에서 찾아 'O' 표시를 해 보세요.

군	인	달	물	엿	공	룡
물	놀	이	나	담	력	걸
문	별	인	라	어	장	음
어	님	물	어	음	린	롱
난	얼	음	약	료	수	이
로	줄	넘	기	나	들	이

보기

문어　　　군인　　　인어　　　얼음　　　물엿

어린이　　　걸음　　　나들이　　　물약

3 빈칸에 알맞은 글자를 써 보세요.

문 [ ]　　　어린 [ ]　　　인 [ ]

나 [ ] 이　　　물 [ ]　　　물 [ ]

4 그림에 어울리는 글자를 찾아 'O' 표시를 해 보세요.

① 문어 / 문너

② 어린니 / 어린이

③ 얼음 / 얼름

④ 인너 / 인어

⑤ 군인 / 군닌

⑥ 나드리 / 나들이

⑦ 거름 / 걸음

⑧ 물략 / 물약

⑨ 물엿 / 물렷

5 보기를 참고하여 빈칸에 알맞은 글자를 써 보세요.

보기   군인   걸음   문어   얼음

① ☐☐ 는 다리가 여덟 개다.

② ☐☐ 이 서서히 녹고 있다.

③ 다리를 다쳐 ☐☐ 이 불편하다.

④ ☐☐ 이 보초를 서고 있다.

6 단어 스도쿠의 빈칸에 알맞은 단어를 써 보세요.

보기   물엿   물약   인어

인어		물엿
		물약
물약		인어

7 빈칸에 주어진 단어와 어울리는 그림을 그리고 알맞은 문장을 적어 보세요.

나들이	

어린이	

'ㄴ'은 'ㄹ'로
'ㄹ'은 'ㄴ'으로 소리 나는
단어를 알아보자.

1 단어를 읽으며 글자를 따라 써 보세요.

[날로]

[물로리]

[별림]

[줄럼끼]

[달라라]

[공농]

[장농]

[음뇨수]

용기

담력
[담녁]

Point! 자음동화는 'ㄹ→ㄴ, ㄴ→ㄹ'처럼 음절의 소리가 비슷한 자음으로 발음이 바뀌는 현상이야. 예) 공룡 → 공농

2 보기의 글자를 표에서 찾아 'O' 표시를 해 보세요.

난	국	별	님	같	장	이
로	물	식	음	료	수	롱
목	마	동	물	줄	걷	는
달	물	놀	이	읍	넘	다
나	밥	물	입	공	내	기
라	담	력	맛	룡	꽃	잎

난로	물놀이	별님	줄넘기	달나라

공룡	장롱	음료수	담력

3 빈칸에 알맞은 글자를 써 보세요.

물 ☐ ☐ 줄 ☐ ☐ 달 ☐ ☐

장 ☐ 공 ☐ 음 ☐ 수

4 그림에 어울리는 글자를 찾아 'O' 표시를 해 보세요.

① 난로 / 날로

② 담녁 / 담력

③ 공룡 / 공뇽

④ 음료수 / 음뇨수

⑤ 줄럼끼 / 줄넘기

⑥ 장농 / 장롱

⑦ 달라라 / 달나라

⑧ 별님 / 별림

⑨ 물노리 / 물놀이

5 보기를 참고하여 빈칸에 알맞은 글자를 써 보세요.

보기   난로   별님   음료수   줄넘기

① 밤하늘에 ☐☐ 이 반짝거려요.

② 추워서 ☐☐ 곁에 섰다.

③ ☐☐☐ 는 건강에 좋다.

④ 목이 말라 ☐☐☐ 를 마셨다.

6 단어 스도쿠의 빈칸에 알맞은 단어를 써 보세요.

보기   장롱   담력   달나라

	담력	장롱
	달나라	
담력	장롱	

7 빈칸에 주어진 단어와 어울리는 그림을 그리고 알맞은 문장을 적어 보세요.

물놀이	

공룡	

ㄱ은 ㅇ, ㄷ은 ㄴ, ㅂ은 ㅁ으로 소리 나는 단어를 알아보자.

1 단어를 읽으며 글자를 따라 써 보세요.

국 물
[궁물]

식 물
[싱물]

목 마
[몽마]

걷 는 다
[건는다]

닫 는 다
[단는다]

꽃 잎
[꼰닙]

사람들이 많이 모여 살았던

입 맛
[임맛]

밥 물
[밤물]

읍 내
[음내]

Point! 자음동화는 'ㄱ→ㅇ, ㄷ→ㄴ, ㅂ→ㅁ'처럼 음절의 소리가 비슷한 자음으로 발음이 바뀌는 현상이야. 예) 국물 → 궁물

2 보기의 글자를 표에서 찾아 'O' 표시를 해 보세요.

금	읍	내	달	걷	는	다
붙	국	같	목	마	맞	이
이	물	이	닫	히	다	입
닫	은	꽃	반	식	등	맛
는	붙	턱	잎	이	물	반
다	이	밥	물	해	돋	이

보기

국물　　　　목마　　　　식물　　　　걷는다　　　　닫는다

꽃잎　　　　입맛　　　　밥물　　　　읍내

3 빈칸에 알맞은 글자를 써 보세요.

□ 물　　　　□ 내　　　　□ 맛

□ 물　　　　□ 는다　　　　□ 는다

4 그림에 어울리는 글자를 찾아 'O' 표시를 해 보세요.

① 밥물 / 밤물

② 궁물 / 국물

③ 읍내 / 음내

④ 싱물 / 식물

⑤ 입맛 / 임밧

⑥ 목마 / 몽마

⑦ 걷는다 / 건는다

⑧ 꼳닙 / 꽃잎

⑨ 단는다 / 닫는다

5 보기를 참고하여 빈칸에 알맞은 글자를 써 보세요.

보기   국물   밥물   목마   꽃잎

① 아빠가 ☐☐ 를 태워주셨다.

② ☐☐ 이 너무 매웠다.

③ ☐☐ 이 넘쳐 흘렀다.

④ ☐☐ 이 바람에 흔들렸다.

6 단어 스도쿠의 빈칸에 알맞은 단어를 써 보세요.

보기   읍내   식물   닫는다

	식물	닫는다
식물		
닫는다	읍내	

7 빈칸에 주어진 단어와 어울리는 그림을 그리고 알맞은 문장을 적어 보세요.

입맛	

걷는다	

[걸으니, 걸어서, 걸었다]

09

구개음화

ㅈ, ㅊ으로 소리가 바뀌는 단어를 알아보자.

1 단어를 읽으며 글자를 따라 써 보세요.

해돋이
[해도지]

달맞이
[달마지]

턱받이
[턱빠지]

책꽂이
[책꼬지]

등받이
[등바지]

닫히다
[다치다]

같이
[가치]

금붙이
[금부치]

은붙이
[은부치]

Point! 구개음화란 'ㅈ, ㅊ'처럼 구개(입천장)에 혀가 넓게 닿는 소리로 발음이 바뀌는 현상이야. 예) 해돋이 → 해도지

2 보기의 글자를 표에서 찾아 'O' 표시를 해 보세요.

금	닫	한	달	은	붙	이
붙	해	히	송	맞	따	뜻
이	돋	식	다	이	이	턱
축	이	혜	등	받	이	받
하	국	화	잡	히	다	이
책	꽂	이	쌀	다	같	이

보기

해돋이　달맞이　턱받이　책꽂이　등받이

닫히다　같이　금붙이　은붙이

3 빈칸에 알맞은 글자를 써 보세요.

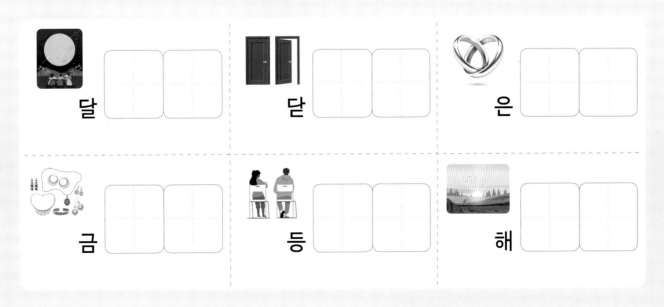

달 □□　　달 □□　　은 □□

금 □□　　등 □□　　해 □□

4 그림에 어울리는 글자를 찾아 'O' 표시를 해 보세요.

① 등받지 / 등받이

② 닫치다 / 닫히다

③ 같이 / 가치

④ 달맞이 / 달마지

⑤ 책꽂이 / 책꼬지

⑥ 은부치 / 은붙이

⑦ 턱바지 / 턱받이

⑧ 금부치 / 금붙이

⑨ 해돋이 / 해도지

5 보기를 참고하여 빈칸에 알맞은 글자를 써 보세요.

보기   같이   달맞이   턱받이   책꽂이

① 친구와 □□ 놀았다.

② □□□ 에 책이 꽂혀 있다.

③ □□□ 를 하며 소원을 빌었다.

④ 아기에게 □□□ 를 해 주었다.

6 단어 스도쿠의 빈칸에 알맞은 단어를 써 보세요.

보기   금붙이   은붙이   등받이

	금붙이	등받이
금붙이		
등받이	은붙이	

7 빈칸에 주어진 단어와 어울리는 그림을 그리고 알맞은 문장을 적어 보세요.

닫히다

[닫혔다, 닫혀서, 닫히고]

해돋이

10

자음 축약

자음 'ㅎ'의 소리가 ㅋ, ㅌ, ㅍ으로 바뀌는 단어를 알아보자.

1 단어를 읽으며 글자를 따라 써 보세요.

[추카]

[구콰]

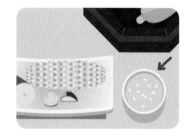

[시케]

블럭을

[싸타]

[따뜨타다]

[의저타다]

[꼬 탄 송이]

[그피]

[자피다]

 Point! 자음 축약이란 원래의 자음이 사라지고 거센소리로 발음되는 현상이야. 예) 축하 → 추카
(ㅋ, ㅌ, ㅍ, ㅊ)
사라짐 거센소리

2 보기의 글자를 표에서 찾아 'O' 표시를 해 보세요.

저	쌓	다	급	히	커	꽃
축	예	따	안	돼	서	한
하	요	잡	뜻	서	봬	송
봬	국	화	히	하	요	이
식	너	가	져	다	다	좋
후	혜	봐	의	젓	하	다

보기

축하　　국화　　식혜　　쌓다　　따뜻하다

의젓하다　　꽃 한 송이　　급히　　잡히다

3 빈칸에 알맞은 글자를 써 보세요.

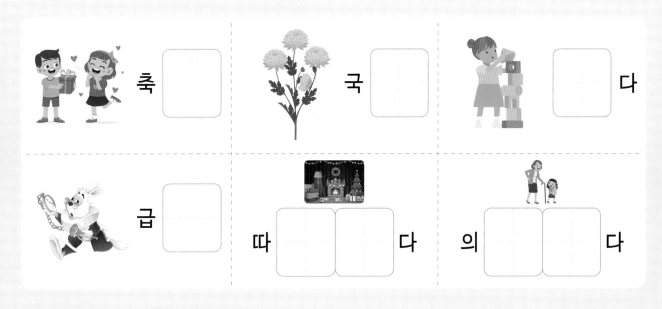

축 ☐　　　국 ☐　　　☐ 다

급 ☐　　　따 ☐ 다　　의 ☐ 다

4 그림에 어울리는 글자를 찾아 'O' 표시를 해 보세요.

5 보기를 참고하여 빈칸에 알맞은 글자를 써 보세요.

6 단어 스도쿠의 빈칸에 알맞은 단어를 써 보세요.

보기　🧑 쌓다　🌼 국화　🧑‍🤝‍🧑 축하

	쌓다	
축하	국화	
쌓다		국화

7 빈칸에 주어진 단어와 어울리는 그림을 그리고 알맞은 문장을 적어 보세요.

의젓하다

[의젓하게, 의젓한, 의젓해서]

따뜻하다

[따뜻하게, 따뜻한, 따뜻해서]

11

모음 축약

모음이 짧게 줄어든 단어를 알아보자.

1 단어를 읽으며 글자를 따라 써 보세요.

크리스마스

~ 예요

(이에요.)

얼마예요?

예요 ?

(이에요?)

엄마! 문 열어주세요.

저예요

(저이에요.)

이 인형 너

가져

(가지어)

여기를 좀

~ 봐 !

(보아.)

나중에 또

봬요

(뵈어요.)

아빠, 안아

주세요

(주시어요.)

여행 작가가 돼서 외국에 갈 거야.

돼서

(되어서)

꽃을 꺾으면

안 돼

(안 되어)

 Point!

모음 축약이란 모음 두 개가 합쳐져 한 개로 발음되는 현상이야!   예)뵈어요-봬요

2 보기의 글자를 표에서 찾아 'O' 표시를 해 보세요.

예	늘	안	돼	얼	갑	저
요	대	국	딸	마	자	예
미	가	수	꾺	예	기	요
역	국	져	질	요	돼	낙
국	밥	숙	제	딱	지	서
주	세	요	크	봬	요	봐

예요   봐   안 돼   저예요   가져

봬요   돼서   주세요   얼마예요?

3 빈칸에 알맞은 글자를 써 보세요.

여기를 좀 ☐

꽃을 꺾으면 안 ☐

아빠, 안아 주 ☐ 요

이 인형 너 가 ☐

얼마 ☐ 요?

크리스마스 ☐ 요

4 그림에 어울리는 글자를 찾아 'O' 표시를 해 보세요.

① 엄마! 문 열어주세요.
저예요
저에요

② 얼마에요
얼마예요

③ 이 인형
너 가져
너 가저

④ 크리스마스~
에요
예요

⑤ 여행 작가가
돼서
되서

⑥ 나중에 또
봬요
뵈요

⑦ 여기를 좀
봐
바

⑧ 아빠, 안아
주세요
주새요

⑨ 꽃을 꺾으면
안 되
안 돼

5 보기를 참고하여 빈칸에 알맞은 글자를 써 보세요.

보기　　봬요　예요　돼서　저예요

① 크리스마스 ☐☐.

② 나중에 ☐☐.

③ 여행 작가가 ☐☐ 외국에 갈 거야.

④ 엄마! 문 열어주세요. ☐☐☐.

6 단어 스도쿠의 빈칸에 알맞은 단어를 써 보세요.

보기 | 🚫 안 돼 | 🧍 봐 | 👫 가져 | 🧍 주세요

안 돼		가져	주세요
봐	안 돼	주세요	
주세요	가져		봐
가져		봐	안 돼

7 빈칸에 주어진 단어와 어울리는 그림을 그리고 알맞은 문장을 적어 보세요.

안 돼

얼마예요?

57

'ㄱ' 받침과 자음이 만나
'ㄲ, ㄸ, ㅃ, ㅉ'으로
소리 나는 단어를 알아보자.

1 단어를 읽으며 글자를 따라 써 보세요.

미역국

[미역꾹]

늑대

[늑때]

깍두기

[깍뚜기]

국밥

[국빱]

국수

[국쑤]

딱지

[딱찌]

낙지

[낙찌]

딸꾹질

[딸꾹찔]

숙제

[숙쩨]

Point!

'ㄲ, ㄸ, ㅃ, ㅆ, ㅉ'을 된소리라고 해!

58

2 보기의 글자를 표에서 찾아 'O' 표시를 해 보세요.

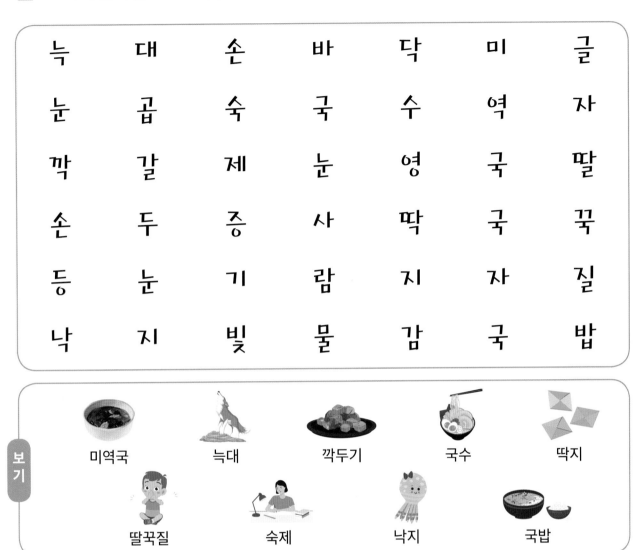

늑	대	손	바	닥	미	글
눈	곱	숙	국	수	역	자
깍	갈	제	눈	영	국	딸
손	두	증	사	딱	국	꾹
등	눈	기	람	지	자	질
낙	지	빛	물	감	국	밥

보기

미역국　늑대　깍두기　국수　딱지
딸꾹질　숙제　낙지　국밥

3 빈칸에 알맞은 글자를 써 보세요.

국 □　딱 □　낙 □

깍 □ 기　국 □　딸 □ □

4 그림에 어울리는 글자를 찾아 'O' 표시를 해 보세요.

① 미역꾹 / 미역국

② 늑대 / 늑때

③ 딱지 / 딱찌

④ 깍뚜기 / 깍두기

⑤ 딸국질 / 딸꾹질

⑥ 낙지 / 낙찌

⑦ 국밥 / 국빱

⑧ 국쑤 / 국수

⑨ 숙제 / 숙쩨

5 보기를 참고하여 빈칸에 알맞은 글자를 써 보세요.

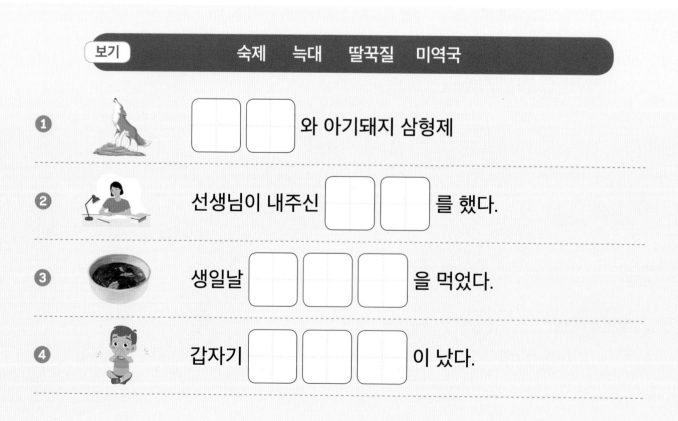

보기   숙제   늑대   딸꾹질   미역국

① [ ][ ] 와 아기돼지 삼형제

② 선생님이 내주신 [ ][ ] 를 했다.

③ 생일날 [ ][ ][ ] 을 먹었다.

④ 갑자기 [ ][ ][ ] 이 났다.

6 단어 스도쿠의 빈칸에 알맞은 단어를 써 보세요.

보기 딱지   낙지   국밥   깍두기

	딱지	깍두기	국밥
딱지	낙지	국밥	
깍두기	국밥	낙지	딱지
	깍두기		낙지

7 빈칸에 주어진 단어와 어울리는 그림을 그리고 알맞은 문장을 적어 보세요.

국수

딸꾹질

받침과 자음이 만나 ㄲ, ㄸ, ㅃ, ㅆ, ㅉ으로 소리 나는 단어를 알아보자.

1 단어를 읽으며 글자를 따라 써 보세요.

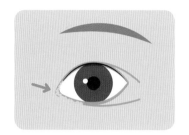

눈곱

[눈꼽]

물감

[물깜]

물고기

[물꼬기]

눈사람

[눈싸람]

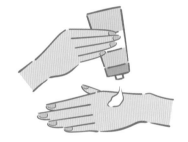

손등

[손뜽]

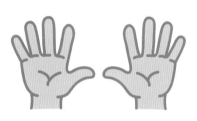

손바닥

[손빠닥]

눈빛

[눈삗]

글자

[글짜]

갈증

[갈쯩]

 Point! 'ㄲ, ㄸ, ㅃ, ㅆ, ㅉ'를 ( )라고 해!

정답 : 된소리

2 보기의 글자를 표에서 찾아 'O' 표시를 해 보세요.

걷	글	씨	눈	빛	덧	셈
기	자	손	낮	잠	물	감
눈	꽃	잎	등	돋	보	기
사	가	풋	고	추	갈	물
람	루	손	바	닥	증	고
흰	눈	곱	돝	단	배	기

보기

눈곱   손등   물감   물고기   눈사람

손바닥   눈빛   글자   갈증

3 빈칸에 알맞은 글자를 써 보세요.

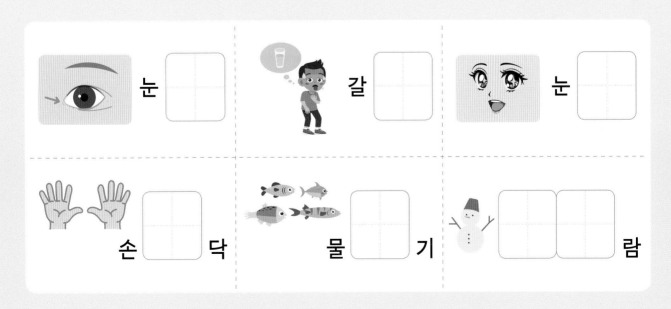

눈 ☐   갈 ☐   눈 ☐

손 ☐ 닥   물 ☐ 기   ☐ ☐ 람

4 그림에 어울리는 글자를 찾아 'O' 표시를 해 보세요.

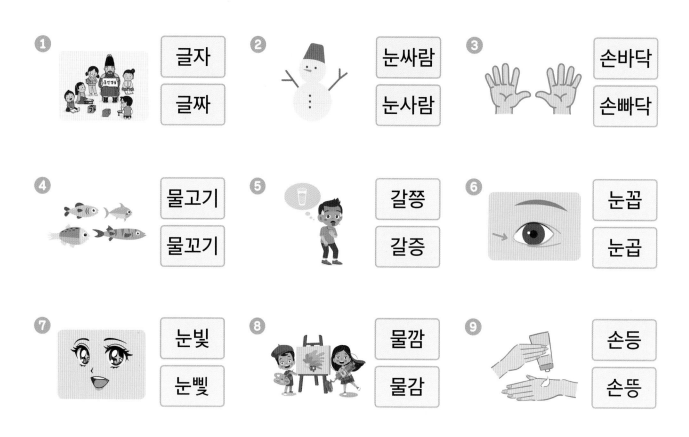

5 보기를 참고하여 빈칸에 알맞은 글자를 써 보세요.

6 단어 스도쿠의 빈칸에 알맞은 단어를 써 보세요.

보기 손바닥   물고기   갈증   눈곱

손바닥	갈증	물고기	
눈곱	물고기	갈증	손바닥
갈증		눈곱	물고기
	눈곱	손바닥	

7 빈칸에 주어진 단어와 어울리는 그림을 그리고 알맞은 문장을 적어 보세요.

눈빛

손바닥

'ㄷ' 받침과 자음이 만나
'ㄲ, ㄸ, ㅃ, ㅆ, ㅉ'으로
소리 나는 단어를 알아보자.

1 단어를 읽으며 글자를 따라 써 보세요.

걷기
[걷끼]

꽃가루
[꼳까루]

풋고추
[푿꼬추]

돛단배
[돋딴배]

꽃다발
[꼳따발]

돋보기
[돋뽀기]

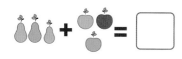
덧셈
[덛쎔]

돗자리
[돋짜리]

낮잠
[낟짬]

Point! '( ), ( ), ㅃ, ㅆ, ㅉ'를 된소리라고 해! 정답: ㄲ, ㄸ

2 보기의 글자를 표에서 찾아 'O' 표시를 해 보세요.

꽃	종	이	풋	고	추	뺄
초	다	접	기	입	덧	셈
승	새	발	침	술	꽃	보
달	돗	돋	보	기	가	름
걷	기	자	빵	집	루	달
기	낮	잠	리	돗	단	배

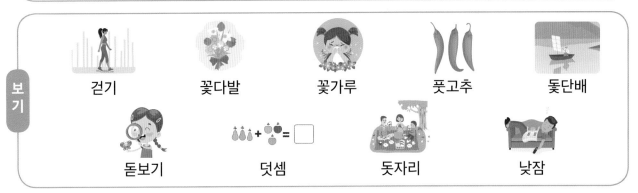

걷기　　　꽃다발　　　꽃가루　　　풋고추　　　돛단배

돋보기　　　덧셈　　　돗자리　　　낮잠

3 빈칸에 알맞은 글자를 써 보세요.

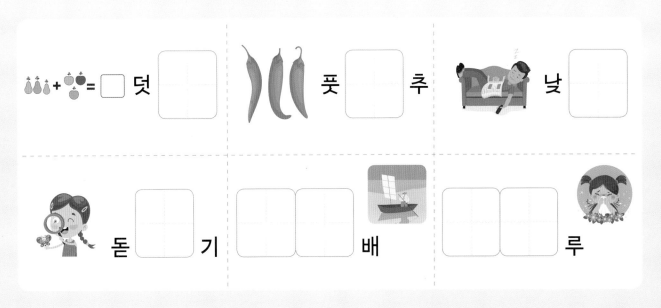

덧　　　풋　　　추　　　낮

돋　　기　　　배　　　루

4 그림에 어울리는 글자를 찾아 'O' 표시를 해 보세요.

① 걷끼 / 걷기

② 돋보기 / 돋뽀기

③ 돗짜리 / 돗자리

④ 돛단배 / 돛딴배

⑤ 낮짬 / 낮잠

⑥ 풋고추 / 풋꼬추

⑦ 꽃가루 / 꽃까루

⑧ 덧쎔 / 덧셈

⑨ 꽃다발 / 꽃따발

5 보기를 참고하여 빈칸에 알맞은 글자를 써 보세요.

보기　　꽃다발　걷기　돗자리　낮잠

① ☐☐ 운동은 건강에 좋다.

② 소파에서 ☐☐ 을 잤다.

③ ☐☐☐ 을 선물로 받았다.

④ 잔디밭에 ☐☐☐ 를 펴고 앉았다.

68

6 단어 스도쿠의 빈칸에 알맞은 단어를 써 보세요.

보기 　🍐🍐🍐 + 🍎🍎 = ☐ 덧셈　 🌶️ 풋고추　 🔍 돋보기　 🌼 꽃가루

덧셈		돋보기	꽃가루
풋고추	덧셈		돋보기
돋보기	꽃가루	풋고추	덧셈
꽃가루			풋고추

7 빈칸에 주어진 단어와 어울리는 그림을 그리고 알맞은 문장을 적어 보세요.

돛단배	------------------------------------

꽃다발	------------------------------------

된소리 4

1 단어를 읽으며 글자를 따라 써 보세요.

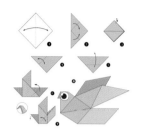

종이접기
[종이접끼]

입술
[입쑬]

밥솥
[밥쏟]

껍질
[껍찔]

보름달
[보름딸]

새침데기
[새침떼기]

장바구니
[장빠구니]

초승달
[초승딸]

빵집
[빵찝]

Point! '( ), ( ), ( ), ( ), ( )'를 된소리라고 해!

정답: ㄲ, ㄸ, ㅃ, ㅆ, ㅉ

2 보기의 글자를 표에서 찾아 'O' 표시를 해 보세요.

빵	바	밥	장	바	구	니
집	종	닷	솥	등	껍	질
나	이	초	새	침	데	기
뭇	접	승	냇	보	찾	길
가	기	달	가	루	름	가
지	고	춫	입	술	곳	달

보기

종이접기   입술   밥솥   껍질   보름달

새침데기   장바구니   빵집   초승달

3 빈칸에 알맞은 글자를 써 보세요.

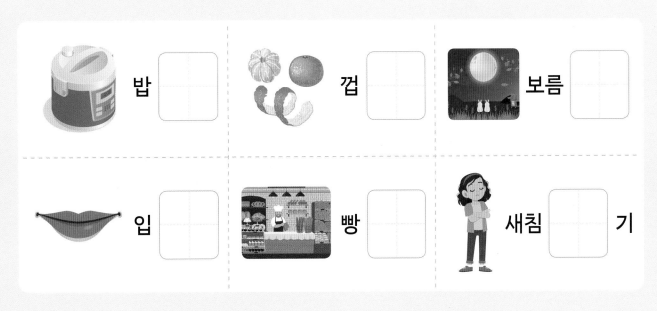

밥 ☐   껍 ☐   보름 ☐

입 ☐   빵 ☐   새침 ☐ 기

4 그림에 어울리는 글자를 찾아 'O' 표시를 해 보세요.

① 종이접끼 / 종이접기

② 빵찝 / 빵집

③ 초승달 / 초승딸

④ 보름달 / 보름딸

⑤ 밥쏱 / 밥솥

⑥ 장바구니 / 장빠구니

⑦ 입쑬 / 입술

⑧ 껍질 / 껍찔

⑨ 새침때기 / 새침데기

5 보기를 참고하여 빈칸에 알맞은 글자를 써 보세요.

보기 장바구니 종이접기 새침데기 보름달

① 하늘에 ⬜⬜⬜ 이 떴다.

② 우리 언니는 ⬜⬜⬜⬜ 다.

③ ⬜⬜⬜⬜ 에 채소를 담았다.

④ 색종이로 ⬜⬜⬜⬜ 를 했다.

6 단어 스도쿠의 빈칸에 알맞은 단어를 써 보세요.

보기   껍질   밥솥   빵집   입술

껍질	빵집	입술	밥솥
	밥솥		껍질
빵집	껍질	밥솥	입술
	입술		빵집

7 빈칸에 주어진 단어와 어울리는 그림을 그리고 알맞은 문장을 적어 보세요.

초승달

종이접기

73

사이시옷 1

두 단어가 합쳐지며
'ㅅ' 받침이 생긴
단어를 알아보자.

1 단어를 읽으며 글자를 따라 써 보세요.

차 + 길

찻길

나무 + 가지

나뭇가지

바다 + 가

바닷가

등교 + 길

등굣길

만두 + 국

만둣국

배 + 길

뱃길

새 + 길

샛길

고추 + 가루

고춧가루

시내 + 가

시냇가

Point!

사이시옷이란 두 개의 단어가 합쳐질 때 'ㅅ' 받침이 생기는 현상이야.

2 보기의 글자를 표에서 찾아 'O' 표시를 해 보세요.

시	냇	가	촛	바	빗	방
고	나	뭇	가	지	닷	울
찻	촛	불	샛	길	만	가
길	나	가	등	늦	둣	혓
햇	비	룻	루	곳	국	바
빛	뱃	길	배	밭	길	늘

찻길　　나뭇가지　　바닷가　　고춧가루　　뱃길

만둣국　　등굣길　　시냇가　　샛길

3 빈칸에 알맞은 글자를 써 보세요.

차 + 길　　　□길

만두 + 국　　만□국

새 + 길　　　□길

고추 + 가루　고□가루

시내 + 가　　시□가

등교 + 길　　등□길

4 그림에 어울리는 글자를 찾아 'O' 표시를 해 보세요.

① 만둣국 / 만두국

② 배길 / 뱃길

③ 등곳길 / 등교길

④ 시내가 / 시냇가

⑤ 새길 / 샛길

⑥ 고춧가루 / 고추가루

⑦ 바닷가 / 바다가

⑧ 차길 / 찻길

⑨ 나뭇가지 / 나무가지

5 보기를 참고하여 빈칸에 알맞은 글자를 써 보세요.

보기   등굣길   나뭇가지   바닷가   뱃길

① ☐☐☐☐ 에 새가 앉아 있다.

② 쇄빙선이 얼음을 깨고 ☐☐ 을 만들었다.

③ 여름방학 때 ☐☐☐ 에서 놀았다.

④ ☐☐☐ 에 친구를 만났다.

6 단어 스도쿠의 빈칸에 알맞은 단어를 써 보세요.

보기 🍜 만둣국   🌳 시냇가   🛣 찻길   🛤 샛길

샛길	시냇가		찻길
시냇가			만둣국
찻길	만둣국	시냇가	샛길
	샛길	찻길	

7 빈칸에 주어진 단어와 어울리는 그림을 그리고 알맞은 문장을 적어 보세요.

고춧가루

바닷가

17

사이시옷 2

두 단어가 합쳐지며
ㅅ 받침이 생긴
단어를 알아보자.

1 단어를 읽으며 글자를 따라 써 보세요.

초 + 불

해 + 빛

혀 + 바닥

비 + 방울

나루 + 배

공기(그릇) + 밥

시계 + 바늘

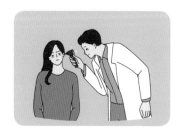

귀 + 병

비누 + 방울

비눗방울

Point!

사이시옷은 주로 '순우리말+ 순우리말', '순우리말 + 한자어'인 경우에 생겨!

2 보기의 글자를 표에서 찾아 'O' 표시를 해 보세요.

뒷	산	시	아	랫	빗	바
나	룻	배	곗	집	방	윗
빗	귓	햇	찻	바	울	혓
촛	병	리	빛	잔	늘	바
불	소	비	늦	방	울	닥
빗	공	깃	밥	숫	자	돌

보기

햇빛 혓바닥 빗방울 공깃밥 시곗바늘

귓병 비눗방울 촛불 나룻배

3 빈칸에 알맞은 글자를 써 보세요.

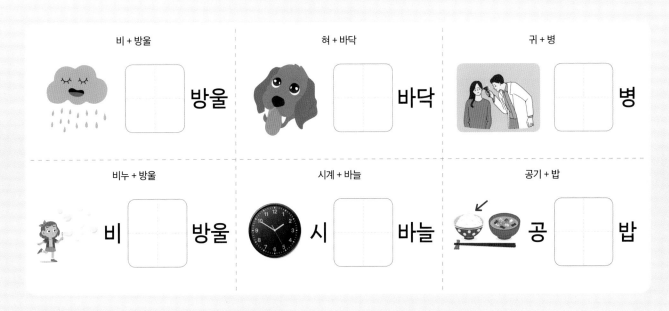

비 + 방울

[ ] 방울

혀 + 바닥

[ ] 바닥

귀 + 병

[ ] 병

비누 + 방울

비 [ ] 방울

시계 + 바늘

시 [ ] 바늘

공기 + 밥

공 [ ] 밥

4 그림에 어울리는 글자를 찾아 'O' 표시를 해 보세요.

① 공기밥 / 공깃밥

② 시곗바늘 / 시계바늘

③ 비누방울 / 비눗방울

④ 나루배 / 나룻배

⑤ 귓병 / 귀병

⑥ 혀바닥 / 혓바닥

⑦ 초불 / 촛불

⑧ 해빛 / 햇빛

⑨ 빗방울 / 비방울

5 보기를 참고하여 빈칸에 알맞은 글자를 써 보세요.

보기　　햇빛　빗방울　촛불　나룻배

① ☐☐ 이 눈부시게 비쳤다.

② 생일날 ☐☐ 을 켰다.

③ ☐☐☐ 이 후두둑 떨어졌다.

④ ☐☐☐ 를 타고 강을 건넜다.

80

6 단어 스도쿠의 빈칸에 알맞은 단어를 써 보세요.

보기 🍚 공깃밥 🐕 혓바닥 👤 귓병 🕐 시곗바늘

귓병	혓바닥	시곗바늘	
	공깃밥		귓병
공깃밥	시곗바늘	귓병	
혓바닥		공깃밥	시곗바늘

7 빈칸에 주어진 단어와 어울리는 그림을 그리고 알맞은 문장을 적어 보세요.

비눗방울

혓바닥

18

사이시옷 3

두 단어가 합쳐지며
ㅅ 받침이 생긴
단어를 알아보자.

1 단어를 읽으며 글자를 따라 써 보세요.

뒤 + 산

비 + 소리

바위 + 돌

아래 + 집

비 + 자루

수 + 글자

부자 + 집

차 + 잔

이 + 자국

82

2 보기의 글자를 표에서 찾아 'O' 표시를 해 보세요.

노	랫	찻	말	나	뭇	바
뒷	산	잔	아	빗	잎	윗
잇	자	국	햇	랫	물	돌
숫	빗	소	리	빗	집	마
자	양	칫	물	빗	자	루
냇	부	잣	집	잇	몸	을

보기

뒷산　　　빗소리　　　바윗돌　　　아랫집　　　빗자루

숫자　　　잇자국　　　부잣집　　　찻잔

3 빈칸에 알맞은 글자를 써 보세요.

수 + 글자 　[ ] 자

뒤 + 산 　[ ] 산

부자 + 집 　부 [ ] 집

차 + 잔 　[ ] 잔

아래 + 집 　아 [ ] 집

비 + 자루 　[ ] 자루

4 그림에 어울리는 글자를 찾아 'O' 표시를 해 보세요.

① 뒷쌴 / 뒷산

② 숫짜 / 숫자

③ 찻잔 / 찻짠

④ 부잣집 / 부자집

⑤ 아랫찝 / 아랫집

⑥ 잇자국 / 잇짜국

⑦ 빗쏘리 / 빗소리

⑧ 바윗돌 / 바윗똘

⑨ 빗짜루 / 빗자루

5 보기를 참고하여 빈칸에 알맞은 글자를 써 보세요.

| 보기 | 바윗돌   빗자루   잇자국   빗소리 |

① □□□ 로 낙엽을 쓸었다.

② □□□ 에 이끼가 끼었다.

③ □□□ 를 들으며 독서를 했다.

④ 사과에 □□□ 이 생겼다.

6 단어 스도쿠의 빈칸에 알맞은 단어를 써 보세요.

보기 숫자 🫖 찻잔 🏯 부잣집 🏔 뒷산

부잣집	숫자	뒷산	찻잔
뒷산	부잣집	찻잔	
숫자		부잣집	뒷산
		숫자	

7 빈칸에 주어진 단어와 어울리는 그림을 그리고 알맞은 문장을 적어 보세요.

아랫집

빗자루

19

ㄴ 첨가

1 단어를 읽으며 글자를 따라 써 보세요.

노래 + 말

[노랜말]

나무 + 잎

[나문닙]

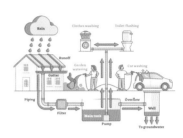

비 + 물

[빈물]

아래 + 마을

[아랜마을]

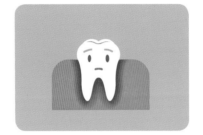

이 + 몸

[인몸]

내 + 물

[낸물]

깨 + 잎

[깬닙]

코 + 물

[콘물]

양치 + 물

[양친물]

 Point! 'ㄴ' 첨가란 'ㅅ' 받침이 'ㄴ'으로 발음되는 현상이야!

2 보기의 글자를 표에서 찾아 'O' 표시를 해 보세요.

따	아	랫	마	을	깻	가
나	님	아	드	님	잎	노
바	뭇	화	살	잇	하	랫
빗	느	잎	콧	몸	느	말
물	가	질	락	물	님	락
숟	양	칫	물	젓	냇	물

보기

노랫말　　나뭇잎　　빗물　　아랫마을　　잇몸

냇물　　깻잎　　콧물　　양칫물

3 빈칸에 알맞은 글자를 써 보세요.

깨 + 잎

[ ] 잎

내 + 물

[ ] 물

나무 + 잎

나 [ ] 잎

아래 + 마을

아 [ ] 마을

노래 + 말

노 [ ] 말

양치 + 물

양 [ ] 물

4 그림에 어울리는 글자를 찾아 'O' 표시를 해 보세요.

① 노랜말 / 노랫말

② 빈물 / 빗물

③ 나뭇잎 / 나문잎

④ 깻잎 / 깬잎

⑤ 낸물 / 냇물

⑥ 아랫마을 / 아랜마을

⑦ 콘물 / 콧물

⑧ 잇몸 / 인몸

⑨ 양칫물 / 양친물

5 보기를 참고하여 빈칸에 알맞은 글자를 써 보세요.

보기   잇몸   콧물   나뭇잎   빗물

① 감기에 걸려 ☐☐ 을 훌쩍거렸다.

② ☐☐ 을 모아 재활용을 할 수 있다.

③ ☐☐ 에 피가 났다.

④ 개미가 ☐☐☐ 을 옮기고 있다.

6 단어 스도쿠의 빈칸에 알맞은 단어를 써 보세요.

| 보기 | 🍃 깻잎 | 🏞️ 냇물 | 🧒 노랫말 | 👦 양칫물 |

양칫물		깻잎	냇물
	깻잎		노랫말
	냇물		양칫물
노랫말	양칫물	냇물	깻잎

7 빈칸에 주어진 단어와 어울리는 그림을 그리고 알맞은 문장을 적어 보세요.

아랫마을

나뭇잎

------

20 ㄴ 첨가 | 거센 소리

두 단어가 합쳐질 때 'ㄴ'과 '거센소리(ㅋ, ㅌ, ㅍ, ㅊ)'로 발음이 바뀌는 단어를 알아보자.

1 단어를 읽으며 글자를 따라 써 보세요.

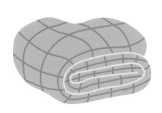

솜 + 이불

솜이불

[솜니불]

담(솜을 납작하게 만든 천) + 요

담요

[담뇨]

밭 + 일

밭일

[반닐]

수 + 양

숫양

[순냥]

수 + 염소

숫염소

[순념소]

수 + 닭

수탉

수 + 강아지

수캉아지

수 + 돼지

수퇘지

살 + 고기

살코기

Point!

수컷을 이르는 말은 '수'로 통일해서 표시해. (예: 수탉, 수꿩, 수소, 수캉아지, 수캐, 수퇘지 등 / 예외: 숫양, 숫염소, 숫쥐)

90

2 보기의 글자를 표에서 찾아 'O' 표시를 해 보세요.

더	듬	이	귀	솜	살	옷
수	손	수	걸	이	코	걸
탉	하	잡	돼	불	기	이
숫	염	소	이	지	이	굼
수	캉	아	지	짱	밭	일
루	담	요	베	숫	양	벵

보기

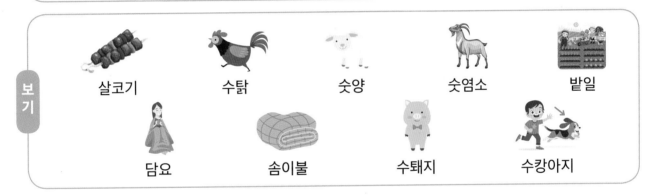

살코기   수탉   숫양   숫염소   밭일

담요   솜이불   수퇘지   수캉아지

3 빈칸에 알맞은 글자를 써 보세요.

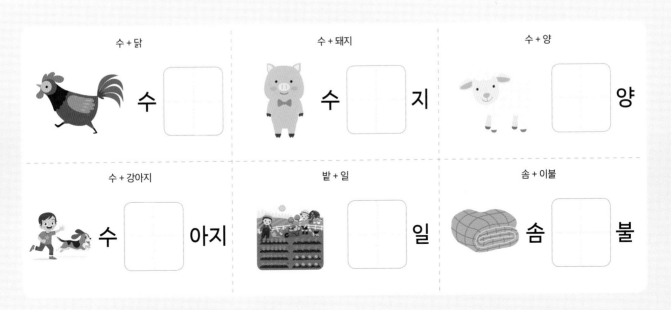

수 + 닭
수 [ ]

수 + 돼지
수 [ ] 지

수 + 양
[ ] 양

수 + 강아지
수 [ ] 아지

밭 + 일
[ ] 일

솜 + 이불
솜 [ ] 불

4 그림에 어울리는 글자를 찾아 'O' 표시를 해 보세요.

① 솜니불 / 솜이불

② 살코기 / 살고기

③ 담요 / 담뇨

④ 밭닐 / 밭일

⑤ 숫강아지 / 수캉아지

⑥ 숫염소 / 순염소

⑦ 수탉 / 수닭

⑧ 수태지 / 숫돼지

⑨ 순양 / 숫양

5 보기를 참고하여 빈칸에 알맞은 글자를 써 보세요.

보기   숫염소   살코기   담요   솜이불

①   ☐☐ 로 몸을 감쌌다.

②   ☐☐☐ 와 채소를 꼬치에 꽂았다.

③   날씨가 추워 ☐☐☐ 을 꺼냈다.

④   ☐☐☐ 의 뿔이 길게 자랐다.

6 단어 스도쿠의 빈칸에 알맞은 단어를 써 보세요.

| 보기 | 🏞️ 밭일 | 🐑 숫양 | 🐓 수탉 | 🐷 수퇘지 |

	수탉	밭일	수퇘지
밭일	수퇘지		숫양
수퇘지		숫양	
수탉	숫양		밭일

7 빈칸에 주어진 단어와 어울리는 그림을 그리고 알맞은 문장을 적어 보세요.

수캉아지	

살코기	

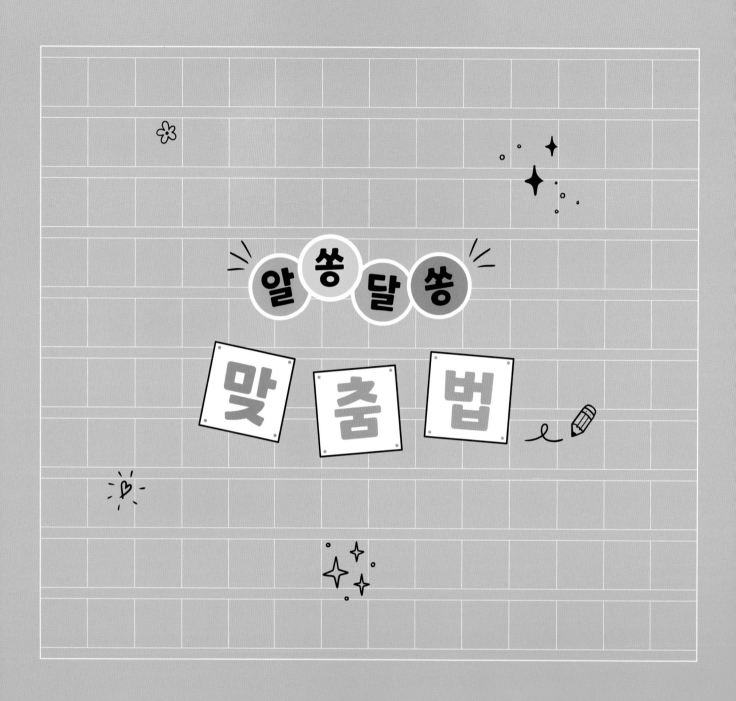

2장

21

ㄹ 탈락

ㄹ 받침이 생략되거나
다른 소리로 바뀌는
단어를 알아보자.

1 단어를 읽으며 글자를 따라 써 보세요.

딸 + 님

아들 + 님

바늘 + 질

솔 + 나무

활 + 살

하늘 + 님

설 + 달

술 + 가락(가는 막대)

저 + 가락

Point!

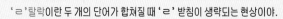
'ㄹ'탈락이란 두 개의 단어가 합쳐질 때 'ㄹ' 받침이 생략되는 현상이야.

2 보기의 글자를 표에서 찾아 'O' 표시를 해 보세요.

숫	숟	수	아	살	코	젓
바	가	닭	숯	드	기	가
느	락	소	나	무	님	락
질	솜	이	불	담	섣	달
밭	일	따	님	요	염	화
하	느	님	숫	양	소	살

보기

따님   아드님   소나무   화살   하느님

숟가락   젓가락   섣달   바느질

3 빈칸에 알맞은 글자를 써 보세요.

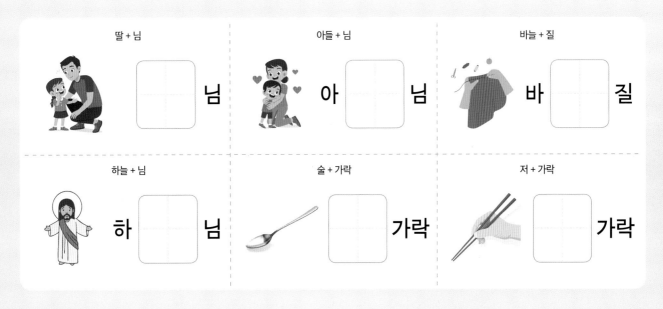

딸 + 님 ☐ 님   아들 + 님 아 ☐ 님   바늘 + 질 바 ☐ 질

하늘 + 님 하 ☐ 님   술 + 가락 ☐ 가락   저 + 가락 ☐ 가락

4 그림에 어울리는 글자를 찾아 'O' 표시를 해 보세요.

① 딸님 / 따님

② 아드님 / 아들님

③ 솔나무 / 소나무

④ 화살 / 활살

⑤ 하늘님 / 하느님

⑥ 숟가락 / 술가락

⑦ 젓가락 / 젓까락

⑧ 섣달 / 설달

⑨ 바늘질 / 바느질

5 보기를 참고하여 빈칸에 알맞은 글자를 써 보세요.

보기   소나무   젓가락   화살   섣달

① □□ 이 과녁에 정확히 맞았다.

② □□ 은 설날이 있는 달이었다.

③ □□□ 로 크리스마스트리를 만들었다.

④ □□□ 으로 국수를 먹었다.

6 단어 스도쿠의 빈칸에 알맞은 단어를 써 보세요.

보기   숟가락   바느질   따님   아드님

	아드님		
숟가락		따님	아드님
바느질	숟가락	아드님	따님
	따님	바느질	숟가락

7 빈칸에 주어진 단어와 어울리는 그림을 그리고 알맞은 문장을 적어 보세요.

하느님

젓가락

22

'이'로 끝나는 단어

'이'로 끝나는 단어를 알아보자.

1 단어를 읽으며 글자를 따라 써 보세요.

더듬이
[더드미]

귀걸이
[귀거리]

손잡이
[손자비]

옷걸이
[옫꺼리]

베짱이
[베짱이]

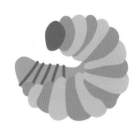
굼벵이
[굼벵이]

하루살이
[하루사리]

먹이
[머기]

길이
[기리]

2 보기의 글자를 표에서 찾아 'O' 표시를 해 보세요.

귀	걸	이	깊	길	이	열
심	손	히	따	옷	걸	이
먹	이	잡	뜻	베	곰	하
더	위	끗	이	짱	곰	루
듬	깨	이	꼼	이	조	살
이	굼	벵	이	꼼	용	이

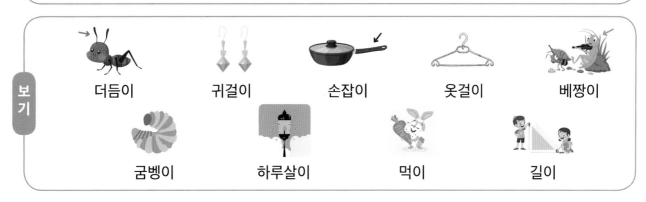

보기

더듬이　귀걸이　손잡이　옷걸이　베짱이

굼벵이　하루살이　먹이　길이

3 빈칸에 알맞은 글자를 써 보세요.

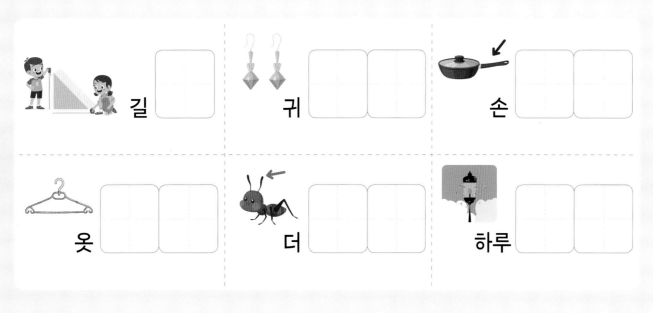

길 ☐

귀 ☐ ☐

손 ☐ ☐

옷 ☐ ☐

더 ☐ ☐

하루 ☐ ☐

4 그림에 어울리는 글자를 찾아 'O' 표시를 해 보세요.

① 더듬이 / 더드미

② 굼벵이 / 굼뱅이

③ 귀거리 / 귀걸이

④ 베짱이 / 배짱이

⑤ 옷걸이 / 옷거리

⑥ 기리 / 길이

⑦ 먹이 / 머기

⑧ 손잡이 / 손자비

⑨ 하루사리 / 하루살이

5 보기를 참고하여 빈칸에 알맞은 글자를 써 보세요.

보기   굼벵이   길이   먹이   베짱이

① 당근은 토끼가 좋아하는 □□다.

② 줄자로 삼각형의 □□를 쟀다.

③ □□□도 구르는 재주가 있다.

④ □□□가 노래를 불러 주었다.

6 단어 스도쿠의 빈칸에 알맞은 단어를 써 보세요.

보기	🐜 더듬이	🍳 손잡이	👔 옷걸이	👂 귀걸이

더듬이	옷걸이		손잡이
손잡이	귀걸이		옷걸이
	더듬이	손잡이	
귀걸이		옷걸이	더듬이

7 빈칸에 주어진 단어와 어울리는 그림을 그리고 알맞은 문장을 적어 보세요.

하루살이

귀걸이

23

'이, 히'로 끝나는 단어

'이'와 '히'로 끝나는 단어를 알아보자.

1 단어를 읽으며 글자를 따라 써 보세요.

따뜻이

[따뜨시]

깨끗이

[깨끄시]

틈틈이 독서하다

틈틈이

[틈트미]

깊숙이

[깁쑤기]

곰곰이 생각하다

곰곰이

[곰고미]

꼼꼼히 확인하다

꼼꼼히

[꼼꼼히]

쉿!

조용히

[조용히]

열심히 연습하다

열심히

[열씸히]

가만히 앉아 있다

가만히

[가만히]

2 보기의 글자를 표에서 찾아 'O' 표시를 해 보세요.

멋	틈	좋	조	어	딘	곰
따	진	틈	은	용	데	곰
뜻	아	데	이	데	히	이
이	깊	숙	이	이	겼	대
가	만	히	여	열	심	히
깨	끗	이	행	꼼	꼼	히

보기

따뜻이 깨끗이 틈틈이 깊숙이 곰곰이

꼼꼼히 조용히 열심히 가만히

3 빈칸에 알맞은 글자를 써 보세요.

따뜻 □ 이 히

~앉아 있다
가만 □ 이 히

~생각하다
곰곰 □ 이 히

쉿!
조용 □ 이 히

깊숙 □ 이 히

~독서하다
틈틈 □ 이 히

105

4 그림에 어울리는 글자를 찾아 'O' 표시를 해 보세요.

① 깨끄시 / 깨끗이

② 꼼꼼히 / 꼼꼬미

③ 열심히 / 열씨미

④ 틈틈이 / 틈틈미

⑤ 가만히 / 가마니

⑥ 곰고미 / 곰곰이

⑦ 조용히 / 조용이

⑧ 따뜨시 / 따뜻이

⑨ 깊숙이 / 깊수키

5 보기를 참고하여 빈칸에 알맞은 글자를 써 보세요.

보기   열심히   틈틈이   꼼꼼히   깨끗이

① 비누로 손을 〔　〕〔　〕〔　〕 씻었다.

② 〔　〕〔　〕〔　〕 독서를 했다.

③ 이사갈 집을 〔　〕〔　〕〔　〕 살펴보았다.

④ 피아노를 〔　〕〔　〕〔　〕 연습했다.

6 단어 스도쿠의 빈칸에 알맞은 단어를 써 보세요.

| 보기 | 따뜻이 | 곰곰이 | 가만히 | 깊숙이 |

따뜻이		가만히	곰곰이
곰곰이	가만히	깊숙이	
가만히	따뜻이		깊숙이
깊숙이	곰곰이		

7 빈칸에 주어진 단어와 어울리는 그림을 그리고 알맞은 문장을 적어 보세요.

깨끗이

조용히

24

데, 대

'데'와 '대'가 들어간 말을 알아보자.

1 단어를 읽으며 글자를 따라 써 보세요.

나의 생각
멋진데!

나의 생각
좋은데!

나의 궁금증
어딘데?

남에게 전해 들은 말
여행간대

남에게 전해 들은 말
이겼대

아무 장소나
아무데나

엉뚱한 장소로
엉뚱한데로

마치는 즉시
마치는대로

꿈꾸는 것처럼
꿈꾸는대로

Point! 1. ~데: 나의 생각이나 느낌, 장소   2. ~대: 남에게 전해 들은 말

2 보기의 글자를 표에서 찾아 'O' 표시를 해 보세요.

엉	뚱	한	데	로	가	마
아	세	여	행	간	대	치
무	이	멋	어	딘	데	는
데	지	겼	진	게	좋	대
나	게	집	대	데	은	로
꿈	꾸	는	대	로	데	게

보기

멋진데　　좋은데　　어딘데　　여행 간대　　엉뚱한 데로

마치는 대로　　꿈꾸는 대로　　아무 데나　　이겼대

3 빈칸에 알맞은 글자를 써 보세요.

멋진 ☐　　여행 간 ☐　　어딘 ☐

데　대　　　　데　대　　　　데　대

좋은 ☐　　이겼 ☐　　꿈꾸는 ☐ 로

데　대　　　　데　대　　　　데　대

4 그림에 어울리는 글자를 찾아 'O' 표시를 해 보세요.

① 마치는 — 대로 / 데로

② 아무 — 대나 / 데나

③ 꿈꾸는 — 대로 / 데로

④ 엉뚱한 — 대로 / 데로

⑤ 우리 팀이 — 이겼대 / 이겼데

⑥ 친구가 여행 — 간대 / 간데

⑦ 어딘대 / 어딘데

⑧ 멋진데 / 멋진대

⑨ 좋은대 / 좋은데

5 보기를 참고하여 빈칸에 알맞은 글자를 써 보세요.

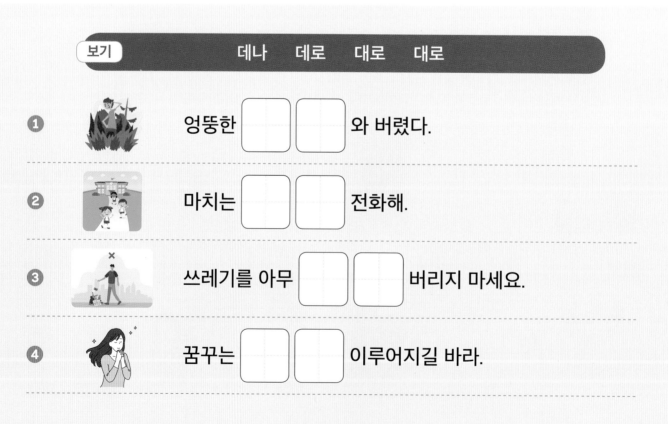

보기   데나   데로   대로   대로

① 엉뚱한 □□ 와 버렸다.

② 마치는 □□ 전화해.

③ 쓰레기를 아무 □□ 버리지 마세요.

④ 꿈꾸는 □□ 이루어지길 바라.

6 단어 스도쿠의 빈칸에 알맞은 단어를 써 보세요.

보기 멋진데   어딘데   간대   이겼대

간대	이겼대	어딘데	
멋진데		이겼대	간대
	간대	멋진데	어딘데
어딘데	멋진데		

7 빈칸에 주어진 단어와 어울리는 그림을 그리고 알맞은 문장을 적어 보세요.

~ 좋은데!

~간대.

25

게, 개

'게'와 '개'가 들어간 단어를 알아보자.

1 단어를 읽으며 글자를 따라 써 보세요.

지게   집게   가게

세게   무게   베개

이쑤시개   찌개   지우개

2 보기의 글자를 표에서 찾아 'O' 표시를 해 보세요.

수	레	베	개	걸	레	노
지	게	번	게	세	게	래
발	레	시	이	모	래	찌
집	가	게	쑤	빨	무	개
게	벌	게	시	래	게	발
지	우	개	개	고	래	레

보기

지게　집게　가게　세게　무게

베개　이쑤시개　찌개　지우개

3 빈칸에 알맞은 글자를 써 보세요.

집 ☐ 게 개

베 ☐ 게 개

무 ☐ 게 개

가 ☐ 게 개

찌 ☐ 게 개

이쑤시 ☐ 게 개

4 그림에 어울리는 글자를 찾아 'O' 표시를 해 보세요.

① 찌개 / 찌게

② 배개 / 베개

③ 무개 / 무게

④ 이쑤시개 / 이쑤시게

⑤ 집개 / 집게

⑥ 지우개 / 지우게

⑦ 지개 / 지게

⑧ 세게 / 세개

⑨ 가개 / 가게

5 보기를 참고하여 빈칸에 알맞은 글자를 써 보세요.

보기 지우개 지게 찌개 세게

① ☐☐로 볏단을 옮겼다.

② 바람이 ☐☐ 불었다.

③ 김치 ☐☐를 끓였다.

④ ☐☐☐로 틀린 글자를 지웠다.

6 단어 스도쿠의 빈칸에 알맞은 단어를 써 보세요.

| 보기 | 🖼 베개 | ✏ 집게 | 🏪 가게 | 🚪 무게 |

베개	집게		
가게	무게	베개	집게
무게	가게	집게	
		무게	가게

7 빈칸에 주어진 단어와 어울리는 그림을 그리고 알맞은 문장을 적어 보세요.

이쑤시개	

세계	

레, 래

'레'와 '래'가 들어간 단어를 알아보자.

1 단어를 읽으며 글자를 따라 써 보세요.

2 보기의 글자를 표에서 찾아 'O' 표시를 해 보세요.

왜	애	노	래	게	산	수
카	기	걔	왠	고	일	레
그	레	쟤	모	은	래	이
벌	예	의	래	혜	발	레
레	차	례	시	게	단	칠
랬	걸	레	니	빨	래	레

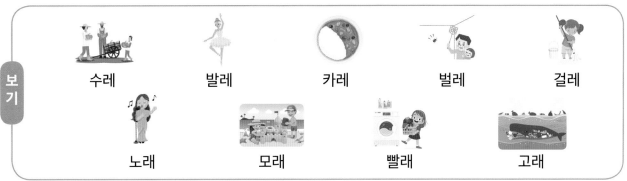

보기

수레   발레   카레   벌레   걸레

노래   모래   빨래   고래

3 빈칸에 알맞은 글자를 써 보세요.

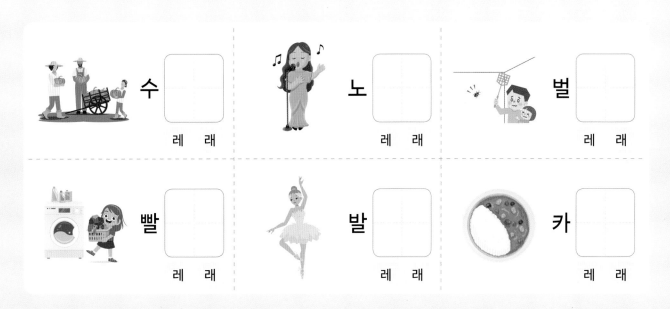

수 □   레 래

노 □   레 래

벌 □   레 래

빨 □   레 래

발 □   레 래

카 □   레 래

117

4 그림에 어울리는 글자를 찾아 'O' 표시를 해 보세요.

① 모래 / 모레

② 고래 / 고레

③ 걸래 / 걸레

④ 노래 / 노레

⑤ 발래 / 발레

⑥ 빨래 / 빨레

⑦ 카래 / 카레

⑧ 수래 / 수레

⑨ 벌레 / 벌래

5 보기를 참고하여 빈칸에 알맞은 글자를 써 보세요.

보기   벌레   걸레   고래   노래

① [ ][ ]로 바닥을 닦았다.

② 엄마가 무대에서 [ ][ ]를 불렀다.

③ 집 안에 [ ][ ]가 들어왔다.

④ [ ][ ] 뱃속에 쓰레기가 쌓이고 있다.

6 단어 스도쿠의 빈칸에 알맞은 단어를 써 보세요.

보기   수레   발레   카레   빨래

	발레	수레	빨래
수레			발레
빨래		발레	카레
	카레	빨래	

7 빈칸에 주어진 단어와 어울리는 그림을 그리고 알맞은 문장을 적어 보세요.

모래

카레

ㅒ, ㅖ

ㅒ 와 ㅖ 가
들어간 단어를
알아보자.

1 단어를 읽으며 글자를 따라 써 보세요.

이야기

애기

그 애

걔

저 애

쟤

차례

시계

은혜

계단

계산

예의

2 보기의 글자를 표에서 찾아 'O' 표시를 해 보세요.

차	괘	예	씸	해	계	은
왜	례	역	의	꿰	훼	단
그	렇	지	얘	기	매	손
래	쟤	사	훼	도	은	다
계	산	지	방	대	혜	늘
웬	일	시	계	체	오	걔

얘기　차례　시계　은혜　계단

계산　예의　걔　쟤

3 빈칸에 알맞은 글자를 써 보세요.

이야기　　　기　　차　　저 아이

그 아이　　　의　　은

4 그림에 어울리는 글자를 찾아 'O' 표시를 해 보세요.

5 보기를 참고하여 빈칸에 알맞은 글자를 써 보세요.

6 단어 스도쿠의 빈칸에 알맞은 단어를 써 보세요.

보기   얘기   개   쟤   차례

얘기	개	쟤	
	얘기		쟤
	쟤	차례	
	차례	얘기	개

7 빈칸에 주어진 단어와 어울리는 그림을 그리고 알맞은 문장을 적어 보세요.

예의

얘기

'ㅐ'와 'ㅔ'가 들어간 단어를 알아보자.

1 단어를 읽으며 글자를 따라 써 보세요.

왠지 좋은 일이 생길 것 같아

웬일이야?

 왜 그랬니?

 왠지

웬일

 웬떡이야

 상쾌해

 괘씸해

 꿰매다

 훼손

 훼방

Point! '왠'이 쓰이는 곳은 '왠지'밖에 없어! 나머지는 모두 '웬'이야.

2 보기의 글자를 표에서 찾아 'O' 표시를 해 보세요.

웬	떡	이	야	왼	손	웬
상	괘	금	세	왜	훼	일
쾌	열	씸	수	그	회	손
해	쇠	세	해	랬	전	매
새	왠	지	매	니	문	콤
훼	방	체	조	꿰	매	다

왜 그랬니   왠지   웬일   웬 떡이야   상쾌해

괘씸해   꿰매다   훼손   훼방

3 빈칸에 알맞은 글자를 써 보세요.

□ 일이야   □ 씸해   □ 방

상 □ 해   □ 손   □ 지

4 그림에 어울리는 글자를 찾아 'O' 표시를 해 보세요.

① 훼손 / 회손

② 웬일 / 왼일

③ 깨메다 / 꿰매다

④ 왠지 / 왼지

⑤ 회방 / 훼방

⑥ 웬 떡 / 왼 떡

⑦ 괘씸해 / 괘심해

⑧ 외 그랬니 / 왜 그랬니

⑨ 상쾨해 / 상쾌해

5 보기를 참고하여 빈칸에 알맞은 글자를 써 보세요.

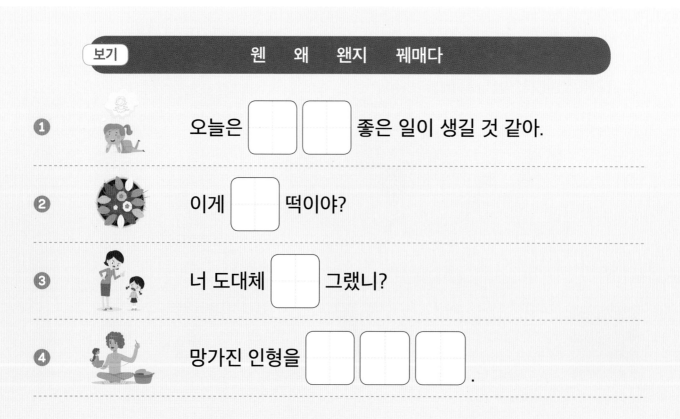

보기   웬   왜   왠지   꿰매다

① 오늘은 □□ 좋은 일이 생길 것 같아.

② 이게 □ 떡이야?

③ 너 도대체 □ 그랬니?

④ 망가진 인형을 □□□ .

6 단어 스도쿠의 빈칸에 알맞은 단어를 써 보세요.

보기　🧍 괴씸　🖼️ 상쾌　🦅 훼손　🏋️ 훼방

괴씸		훼방	훼손
	훼방		상쾌
상쾌		훼손	
훼방		상쾌	괴씸

7 빈칸에 주어진 단어와 어울리는 그림을 그리고 알맞은 문장을 적어 보세요.

웬일

왠지

127

ㅚ, ㅔ, ㅐ

ㅚ, ㅔ, ㅐ가 들어간 단어를 알아보자.

1 단어를 읽으며 글자를 따라 써 보세요.

왼손

회전문

열쇠

금세

세수

체조

매콤

새해

재채기

2 보기의 글자를 표에서 찾아 'O' 표시를 해 보세요.

저	리	금	주	새	해	줄
회	다	세	재	리	다	이
절	전	조	리	채	왼	손
이	다	문	다	세	기	다
열	쇠	다	안	수	않	다
졸	이	체	조	다	매	콤

보기

왼손　　회전문　　열쇠　　금세　　세수

체조　　매콤　　새해　　재채기

3 빈칸에 알맞은 글자를 써 보세요.

□ 수　　□ 콤　　□ 조

□ 손　　□ 전문　　□ 기

4 그림에 어울리는 글자를 찾아 'O' 표시를 해 보세요.

① 매콤 / 맷콤

② 열세 / 열쇠

③ 재채기 / 잿채기

④ 왼손 / 웬손

⑤ 세수 / 쇠수

⑥ 훼전문 / 회전문

⑦ 최조 / 체조

⑧ 새해 / 셰해

⑨ 금세 / 금셰

5 보기를 참고하여 빈칸에 알맞은 글자를 써 보세요.

보기   금세   새해   열쇠   재채기

① 책을 읽어주자 ☐☐ 잠들었다.

② ☐☐ 를 잃어버렸다.

③ ☐☐ 복 많이 받으세요.

④ 감기에 걸려 ☐☐☐ 를 했다.

6 단어 스도쿠의 빈칸에 알맞은 단어를 써 보세요.

| 보기 | 🧒 세수 | 🤸 체조 | 🫘 매콤 | 🎸 왼손 |

	매콤	체조	왼손
체조	왼손		
왼손	세수	매콤	
매콤			세수

7 빈칸에 주어진 단어와 어울리는 그림을 그리고 알맞은 문장을 적어 보세요.

| 회전문 | ....
 .... |

| 매콤 | ....
 .... |

소리가 비슷한
단어를 알아보자.

1 단어를 읽으며 글자를 따라 써 보세요.

다리가

저리다

오이를 소금에

절이다

생선을 간장에

조리다

들킬까 봐 마음을

졸이다

정답을

안다

다투지

않다

배를

체중을

주리다

(굶주리다)

줄이다

132

2 보기의 글자를 표에서 찾아 'O' 표시를 해 보세요.

썩	졸	저	리	다	시	리
안	줄	이	식	히	키	않
다	이	고	다	부	절	다
히	다	썩	주	치	이	느
조	리	다	이	리	다	리
늘	이	다	붙	이	다	고

보기

저리다   절이다   조리다   졸이다

안다   않다   주리다   줄이다

3 빈칸에 알맞은 글자를 써 보세요.

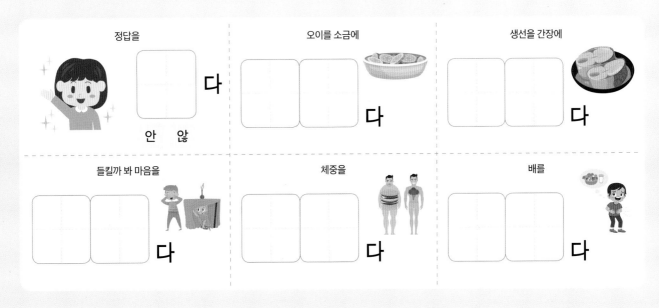

정답을   □ 다   (안 / 않)

오이를 소금에   □□ 다

생선을 간장에   □□ 다

들킬까 봐 마음을   □□ 다

체중을   □□ 다

배를   □□ 다

4 그림에 어울리는 글자를 찾아 'O' 표시를 해 보세요.

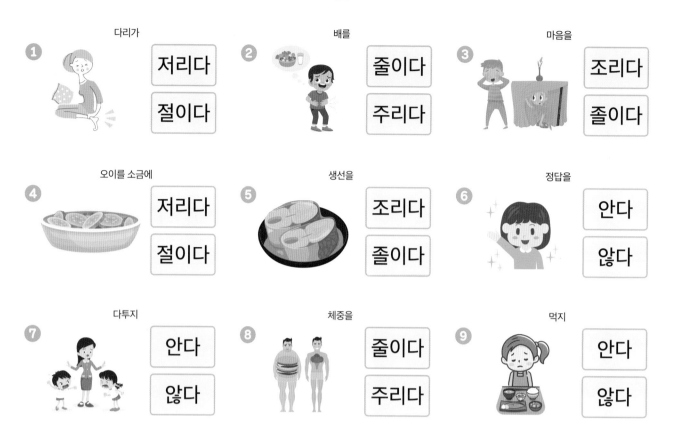

① 다리가
저리다
절이다

② 배를
줄이다
주리다

③ 마음을
조리다
졸이다

④ 오이를 소금에
저리다
절이다

⑤ 생선을
조리다
졸이다

⑥ 정답을
안다
않다

⑦ 다투지
안다
않다

⑧ 체중을
줄이다
주리다

⑨ 먹지
안다
않다

5 보기를 참고하여 빈칸에 알맞은 글자를 써 보세요.

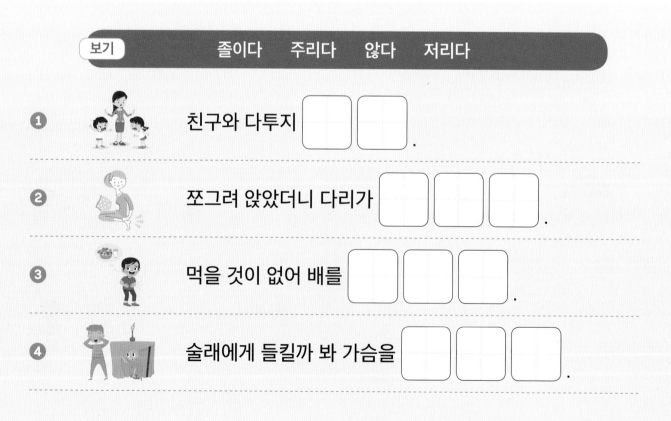

보기   졸이다   주리다   않다   저리다

① 친구와 다투지 ☐☐.

② 쪼그려 앉았더니 다리가 ☐☐☐.

③ 먹을 것이 없어 배를 ☐☐☐.

④ 술래에게 들킬까 봐 가슴을 ☐☐☐.

6 단어 스도쿠의 빈칸에 알맞은 단어를 써 보세요.

보기 절이다 조리다 안다 줄이다

절이다	조리다	줄이다	
조리다		안다	
	줄이다		
줄이다	안다	조리다	절이다

7 이 장에서 배운 어휘 중 두 가지를 골라 어울리는 그림을 그리고 알맞은 문장을 적어 보세요.

소리가 비슷한 단어 2

소리가 비슷한 단어를 알아보자.

1 단어를 읽으며 글자를 따라 써 보세요.

편지를

(보내다)

편지에 우표를

엄마의 속을

음식물을

심부름을

더위를

움직임이

줄넘기 연습 시간을

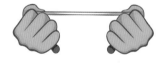

고무줄을

2 보기의 글자를 표에서 찾아 'O' 표시를 해 보세요.

시	키	다	썩	히	다	느
계	큰	람	무	치	고	리
부	늘	리	다	벌	이	다
반	치	히	썩	붙	이	다
자	라	다	이	바	치	는
늘	이	다	다	식	히	다

보기

부치다   붙이다   썩이다   썩히다   느리다

늘리다   늘이다   시키다   식히다

3 빈칸에 알맞은 글자를 써 보세요.

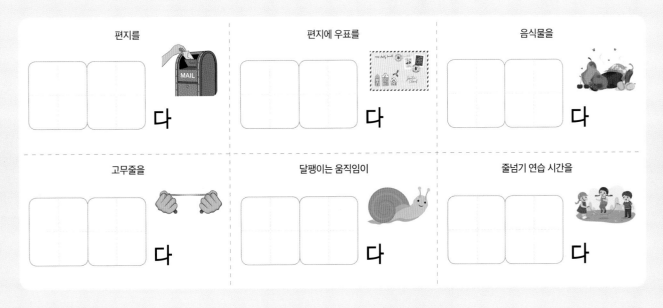

편지를   편지에 우표를   음식물을

□ □ 다   □ □ 다   □ □ 다

고무줄을   달팽이는 움직임이   줄넘기 연습 시간을

□ □ 다   □ □ 다   □ □ 다

4 그림에 어울리는 글자를 찾아 'O' 표시를 해 보세요.

더위를
식히다
시키다

연습 시간을
늘이다
늘리다

음식물을
썩이다
썩히다

엄마의 속을
썩이다
썩히다

고무줄을
늘리다
늘이다

심부름을
식히다
시키다

달팽이는
늘이다
느리다

우표를
붙이다
부치다

편지를
붙이다
부치다

5 보기를 참고하여 빈칸에 알맞은 글자를 써 보세요.

보기   썩이다   시키다   식히다   붙이다

① 심부름을 ☐☐☐.

② 편지에 우표를 ☐☐☐.

③ 엄마의 속을 ☐☐☐.

④ 수박으로 더위를 ☐☐☐.

6 단어 스도쿠의 빈칸에 알맞은 단어를 써 보세요.

보기 부치다 느리다 늘리다 늘이다

느리다		늘리다	
늘리다	늘이다		느리다
		느리다	부치다
부치다		늘이다	

7 이 장에서 배운 어휘 중 두 가지를 골라 어울리는 그림을 그리고 알맞은 문장을 적어 보세요.

32

소리가 비슷한 단어 3

소리가 비슷한
단어를 알아보자.

1 단어를 읽으며 글자를 따라 써 보세요.

팔씨름을

입을

옷에 물감을

나물을

키가

나무를

나라를 위해 목숨을

넘어지는 것을

자전거에

2 보기의 글자를 표에서 찾아 'O' 표시를 해 보세요.

묻	히	다	위	매	만	자
받	여	바	치	다	추	르
무	히	메	받	재	벌	다
릎	치	다	치	채	리	바
마	치	다	다	기	다	래
벌	이	다	리	자	라	다

벌이다　　벌리다　　묻히다　　무치다　　바치다

받치다　　받히다　　자라다　　자르다

3 빈칸에 알맞은 글자를 써 보세요.

입을 　　　□□ 다

나물을 　　　□□ 다

옷에 물감을 　　　□□ 다

넘어지는 것을 　　　□□ 다

나라를 위해 목숨을 　　　□□ 다

자전거에 　　　□□ 다

4 그림에 어울리는 글자를 찾아 'O' 표시를 해 보세요.

① 팔씨름을 / 벌이다 / 벌리다

② 자전거에 / 받히다 / 받치다

③ 나물을 / 묻히다 / 무치다

④ 키가 / 자라다 / 자르다

⑤ 물감을 / 무치다 / 묻히다

⑥ 목숨을 / 바치다 / 받치다

⑦ 입을 / 벌이다 / 벌리다

⑧ 나무를 / 자라다 / 자르다

⑨ 넘어지는 것을 / 받치다 / 바치다

5 보기를 참고하여 빈칸에 알맞은 글자를 써 보세요.

보기 자르다   자라다   벌이다   묻히다

① 아빠와 팔씨름을 □□□.

② 옷에 물감을 □□□.

③ 나무를 □□□.

④ 키가 □□□.

6 단어 스도쿠의 빈칸에 알맞은 단어를 써 보세요.

| 보기 | 무치다 | 받히다 | 받치다 | 바치다 |

		무치다	받히다
받치다			무치다
받히다		받치다	바치다
무치다	바치다		

7 이 장에서 배운 어휘 중 두 가지를 골라 어울리는 그림을 그리고 알맞은 문장을 적어 보세요.

143

33

소리가 비슷한 단어 4

소리가 비슷한
단어를 알아보자.

1 단어를 읽으며 글자를 따라 써 보세요.

한상 건강하시길

바라다

옷이

바래다

먹지 못해

여위다

부모님을

여의다

가방을

메다

운동화 끈을

매다

학교를

마치다

정답을

맞히다

[마치다]

퍼즐을

맞추다

Point!

'맞추다'는 '안경을 맞추다, 공으로 맞추다'로도 사용돼!

2 보기의 글자를 표에서 찾아 'O' 표시를 해 보세요.

메	하	바	래	다	베	여
다	늘	지	긋	맞	배	위
세	마	띠	띄	물	추	다
매	다	치	바	라	다	다
입	술	세	다	지	그	시
자	맞	히	다	여	의	다

보기

바라다　　바래다　　여위다　　여의다　　메다

매다　　마치다　　맞히다　　맞추다

3 빈칸에 알맞은 글자를 써 보세요.

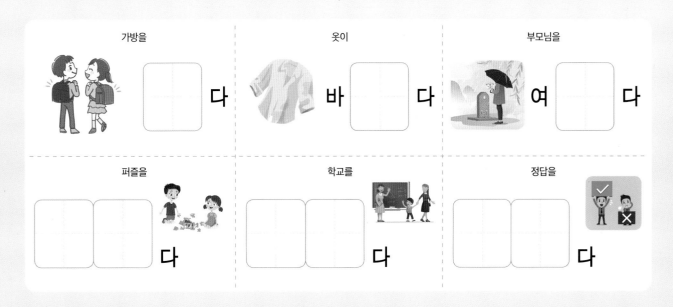

가방을 　　□다

옷이 　바□다

부모님을 　여□다

퍼즐을 　□□다

학교를 　□□다

정답을 　□□다

145

4 그림에 어울리는 글자를 찾아 'O' 표시를 해 보세요.

① 운동화 끈을
메다
매다

② 부모님을
여위다
여의다

③ 학교를
마치다
맞히다

④ 퍼즐을
맞추다
맏히다

⑤ 정답을
맞추다
맞히다

⑥ 옷이
바라다
바래다

⑦ 먹지 못해
여위다
여의다

⑧ 건강하시길
바라다
바래다

⑨ 가방을
매다
메다

5 보기를 참고하여 빈칸에 알맞은 글자를 써 보세요.

보기   매다   맞히다   여위다   바라다

① 신발 끈을 ☐☐.

② 정답을 ☐☐☐.

③ 할머니께서 항상 건강하시길 ☐☐☐.

④ 먹지 못해 몸이 ☐☐☐.

6 단어 스도쿠의 빈칸에 알맞은 단어를 써 보세요.

메다 맞추다 여의다 바래다

		메다	여의다
메다		맞추다	바래다
	맞추다		
바래다		여의다	맞추다

7 이 장에서 배운 어휘 중 두 가지를 골라 어울리는 그림을 그리고 알맞은 문장을 적어 보세요.

34

소리가 비슷한 단어 5

소리가 비슷한 단어를 알아보자.

1 단어를 읽으며 글자를 따라 써 보세요.

힘이

세다

물이

새다

지그시

(슬며시 힘을 주는 모양)

지긋이

(나이가 비교적 많아 듬직한)

나무를

베다

새끼를

배다

미소를

띠다

눈에 잘

띄다

기구를 하늘에

띄우다

2 보기의 글자를 표에서 찾아 'O' 표시를 해 보세요.

나	띄	다	날	세	얼	띠
지	그	시	앉	다	마	다
던	지	베	다	날	랐	지
지	헤	어	띄	빗	써	새
해	굿	지	우	소	배	다
어	지	이	다	리	서	마

보기

띠다　　띄다　　띄우다　　세다　　새다

지그시　　지긋이　　베다　　배다

3 빈칸에 알맞은 글자를 써 보세요.

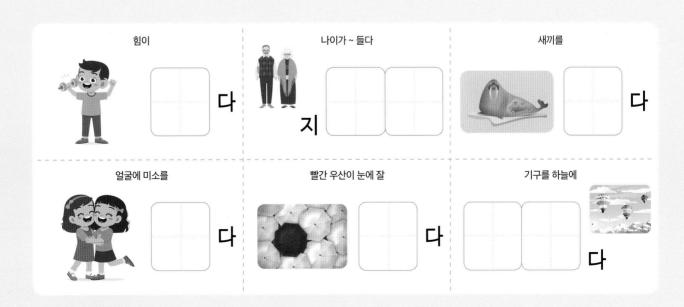

힘이 　　□ 다

나이가 ~ 들다 　 □ □ 지

새끼를 　 □ 다

얼굴에 미소를 　 □ 다

빨간 우산이 눈에 잘 　 □ 다

기구를 하늘에 　 □ □ 다

149

4 그림에 어울리는 글자를 찾아 'O' 표시를 해 보세요.

1 미소를 — 띠다 / 띄다

2 입술을 — 지그시 / 지긋이

3 새끼를 — 베다 / 배다

4 힘이 — 세다 / 새다

5 나무를 — 베다 / 배다

6 빨간 우산이 눈에 잘 — 띠다 / 띄다

7 나이가 — 지그시 / 지긋이

8 기구를 — 띠우다 / 띄우다

9 물이 — 새다 / 세다

5 보기를 참고하여 빈칸에 알맞은 글자를 써 보세요.

보기   베다   띄다   지그시   새다

1 물통에 물이 [　][　].

2 나무를 [　][　].

3 빨간 우산이 눈에 잘 [　][　].

4 입술을 [　][　][　] 깨물다.

6 단어 스도쿠의 빈칸에 알맞은 단어를 써 보세요.

보기	띠다	세다	지긋이	배다

		띠다	
띠다	지긋이	세다	배다
	세다		
배다		지긋이	세다

7 이 장에서 배운 어휘 중 두 가지를 골라 어울리는 그림을 그리고 알맞은 문장을 적어 보세요.

35

소리가 비슷한 단어 6

소리가 비슷한 단어를 알아보자.

1 단어를 읽으며 글자를 따라 써 보세요.

선생님과

신발이

선수로서 규칙을 지켜야 한다

~ 로서

(자격, 역할)

꿀로써 단맛을 낸다

~ 로써

(수단, 방법)

얼마나 덥던지

~ 던지

포도든지 딸기든지 마음껏 먹어

~ 든지

새들이

무거운 돌을

Point! '날랐다'는 어떤 것을 챙겨 '달아나다'라는 의미도 있어.

2 보기의 글자를 표에서 찾아 'O' 표시를 해 보세요.

신	발	헤	어	지	다	가
발	로	서	가	리	키	르
해	포	도	든	지	로	치
어	넘	어	너	날	반	써
지	덥	던	지	머	랐	듯
다	슝	날	았	다	이	다

보기

헤어지다	해어지다	로서	로써
던지	든지	날았다	날랐다

3 빈칸에 알맞은 글자를 써 보세요.

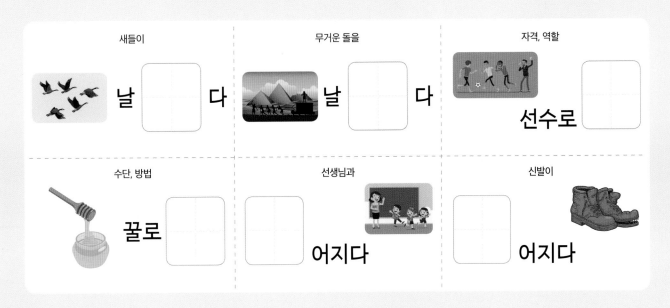

새들이
날 □ 다

무거운 돌을
날 □ 다

자격, 역할
선수로 □

수단, 방법
꿀로 □

선생님과
□ 어지다

신발이
□ 어지다

153

4 그림에 어울리는 글자를 찾아 'O' 표시를 해 보세요.

1 새들이 — 날았다 / 날랐다

2 포도~ 딸기~ — 던지 / 든지

3 선수 — 로써 / 로서

4 선생님과 — 헤어지다 / 해어지다

5 얼마나 덥~ — 든지 / 던지

6 무거운 돌을 — 날았다 / 날랐다

7 꿀~ — 로써 / 로서

8 신발이 — 헤어지다 / 해어지다

9 당근을 먹~ 말~ — 든지 / 던지

5 보기를 참고하여 빈칸에 알맞은 글자를 써 보세요.

보기   로써   로서   든지   던지

1 포도 [ ][ ] 딸기든지 마음껏 먹어.

2 얼마나 덥 [ ][ ] 땀을 많이 흘렸다.

3 선수 [ ][ ] 경기 규칙을 지켜야 한다.

4 꿀 [ ][ ] 단맛을 낸다.

6 단어 스도쿠의 빈칸에 알맞은 단어를 써 보세요.

보기 헤어지다   날았다   날랐다   해어지다

	헤어지다		해어지다
날았다			
헤어지다	날랐다		날았다
해어지다	날았다		날랐다

7 이 장에서 배운 어휘 중 두 가지를 골라 어울리는 그림을 그리고 알맞은 문장을 적어 보세요.

소리가 비슷한 단어 7

소리가 비슷한
단어를 알아보자.

1 단어를 읽으며 글자를 따라 써 보세요.

손가락으로 위쪽을

선생님이 학생을

철조망을 넘어 탈출했다

(높은 곳을 지나)

저 산 너머에 우리 집이 있어

(저쪽, 반대쪽)

반드시 찾아주세요

등을 펴고 반듯이 앉으세요

윗옷은 초록색, 아래옷은 주황색

(상체에 입는 옷)

추워서 웃옷으로 코트를 입었다

(겉에 입는 옷)

2 보기의 글자를 표에서 찾아 'O' 표시를 해 보세요.

넘	어	유	라	윗	야	사
웃	옷	간	니	퓨	옷	캬
휴	너	가	리	키	다	니
반	머	르	아	야	큐	단
드	하	치	반	듯	이	누
시	치	다	잉	응	반	디

보기

가리키다 　 가르치다 　 넘어 　 너머

반드시 　 반듯이 　 윗옷 　 웃옷

3 빈칸에 알맞은 글자를 써 보세요.

옷 　 반 □ 시 　 옷

가 □□ 다 　 가 □□ 다 　 철조망을 □□

4 그림에 어울리는 글자를 찾아 'O' 표시를 해 보세요.

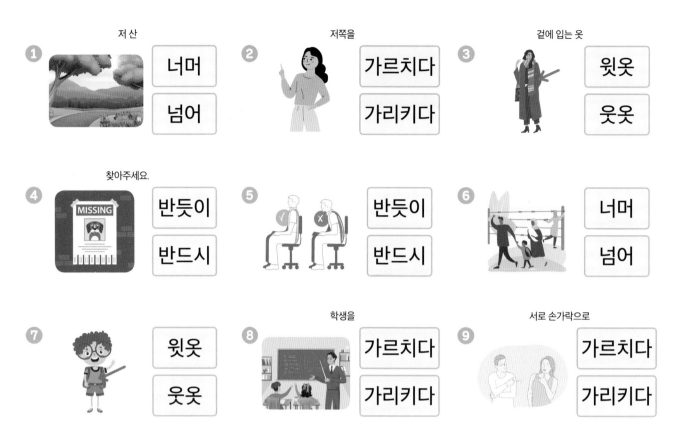

5 보기를 참고하여 빈칸에 알맞은 글자를 써 보세요.

6 단어 스도쿠의 빈칸에 알맞은 단어를 써 보세요.

보기   넘어   웃옷   반드시   가리키다

가리키다		넘어	반드시
		웃옷	
넘어	가리키다	반드시	
웃옷			넘어

7 이 장에서 배운 어휘 중 두 가지를 골라 어울리는 그림을 그리고 알맞은 문장을 적어 보세요.

소리가 비슷한 단어를 알아보자.

1 단어를 읽으며 글자를 따라 써 보세요.

아니 먹다

안 먹다

먹지 아니하다

먹지 않다

물을

붓다

벌에 쏘여 코가

붓다

갑자기 배가 아파

어떡해

집에 어떻게 가지?

어떻게

집을

부수다

눈이

부시다

2 보기의 글자를 표에서 찾아 'O' 표시를 해 보세요.

이	붓	다	곱	빼	기	코
어	뚝	부	대	장	안	빼
떨	배	붙	시	장	먹	기
게	기	다	이	다	다	쟁
멋	부	수	다	어	떡	해
쟁	먹	지	않	다	개	구

보기

안 먹다 먹지 않다 붓다 붇다

어떻게 어떡해 부수다 부시다

3 빈칸에 알맞은 글자를 써 보세요.

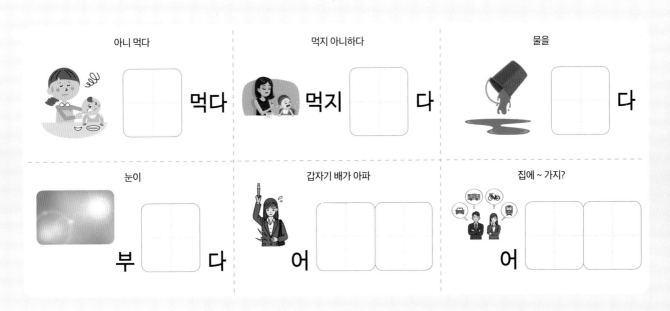

아니 먹다 □ 먹다

먹지 아니하다 먹지 □ 다

물을 □ 다

눈이 부 □ 다

갑자기 배가 아파 어 □ □

집에 ~ 가지? 어 □ □

4 그림에 어울리는 글자를 찾아 'O' 표시를 해 보세요.

① 어떡해 / 어떻게

② 먹지 않다 / 먹지 안다

③ 어떡해 / 어떻게

④ 붓다 / 붙다

⑤ 부수다 / 부시다

⑥ 않 먹다 / 안 먹다

⑦ 붓다 / 붙다

⑧ 부수다 / 부시다

⑨ 하지 않다 / 하지 안다

5 보기를 참고하여 빈칸에 알맞은 글자를 써 보세요.

보기   붓다   붙다   부시다   부수다

① 물을 ☐☐.

② 벌에 쏘여 코가 ☐☐.

③ 집을 ☐☐☐.

④ 눈이 ☐☐☐.

6 단어 스도쿠의 빈칸에 알맞은 단어를 써 보세요.

보기   어떡해   않다   어떻게   안 먹다

어떡해		어떻게	안 먹다
않다		안 먹다	
	어떻게		않다
어떻게			어떡해

7 이 장에서 배운 어휘 중 두 가지를 골라 어울리는 그림을 그리고 알맞은 문장을 적어 보세요.

헷갈리는 단어 1

소리가 비슷한 단어를 알아보자.

1 단어를 읽으며 글자를 따라 써 보세요.

짜장면
곱빼기

코
코빼기

뚝배기

대장장이

멋쟁이

개구쟁이

나무꾼

사냥꾼

사기꾼

 Point! 한 분야의 전문 기술자를 '장이'라 부르고 그 외에는 '쟁이'라고 해!

2 보기의 글자를 표에서 찾아 'O' 표시를 해 보세요.

배	꼽	코	빼	기	사	대
즙	개	구	쟁	이	기	장
곱	돌	멩	이	뚝	꾼	장
빼	사	냥	꾼	림	배	이
기	랜	만	나	무	꾼	기
트	멋	쟁	이	주	꾸	미

보기

나무꾼　　사냥꾼　　사기꾼　　대장장이　　멋쟁이

개구쟁이　　곱빼기　　코빼기　　뚝배기

3 빈칸에 알맞은 글자를 써 보세요.

사냥 ☐　　사기 ☐　　대장 ☐ 이

개구 ☐ 이　　코 ☐ 기　　뚝 ☐ 기

4 그림에 어울리는 글자를 찾아 'O' 표시를 해 보세요.

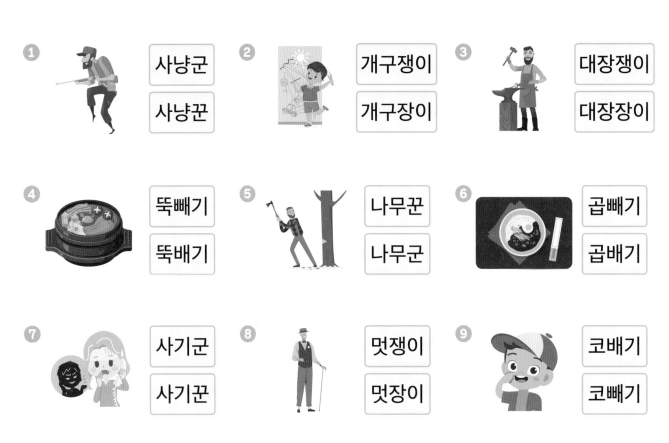

① 사냥군 / 사냥꾼

② 개구쟁이 / 개구장이

③ 대장쟁이 / 대장장이

④ 뚝빼기 / 뚝배기

⑤ 나무꾼 / 나무군

⑥ 곱빼기 / 곱배기

⑦ 사기군 / 사기꾼

⑧ 멋쟁이 / 멋장이

⑨ 코배기 / 코빼기

5 보기를 참고하여 빈칸에 알맞은 글자를 써 보세요.

보기   나무꾼   곱빼기   뚝배기   멋쟁이

① 자장면 ☐☐☐ 를 먹었다.

② ☐☐☐ 이 나무를 베고 있다.

③ 우리 할아버지는 ☐☐☐ 다.

④ ☐☐☐ 에 찌개를 끓였다.

166

단어 스도쿠의 빈칸에 알맞은 단어를 써 보세요.

| 보기 | 코빼기 | 대장장이 | 사냥꾼 | 개구쟁이 |

			개구쟁이
	코빼기	사냥꾼	대장장이
	개구쟁이	대장장이	
코빼기	대장장이		사냥꾼

7 이 장에서 배운 어휘 중 두 가지를 골라 어울리는 그림을 그리고 알맞은 문장을 적어 보세요.

39

헷갈리는 단어 2

 맞춤법이 헷갈리는 단어를 알아보자.

1 단어를 읽으며 글자를 따라 써 보세요.

* 주의: 눈곱

나는 범인이 아니오

(설명, 명령, 부탁)

더 먹을래?

(상대를 높임)

168

2 보기의 글자를 표에서 찾아 'O' 표시를 해 보세요.

설	거	트	담	돌	널	빤
물	지	림	그	아	멩	지
우	난	다	주	니	오	이
레	아	리	꾸	오	랫	골
배	꼽	니	미	며	동	판
오	랜	만	요	칠	안	지

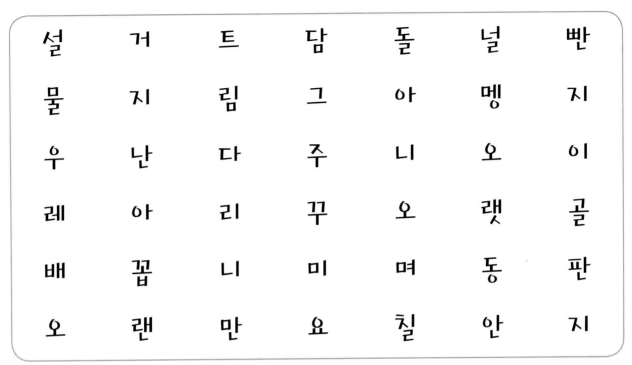

보기

돌멩이　　　트림　　　물난리　　　주꾸미　　　오랜만

오랫동안　　　배꼽　　　아니오　　　아니요

3 빈칸에 알맞은 글자를 써 보세요.

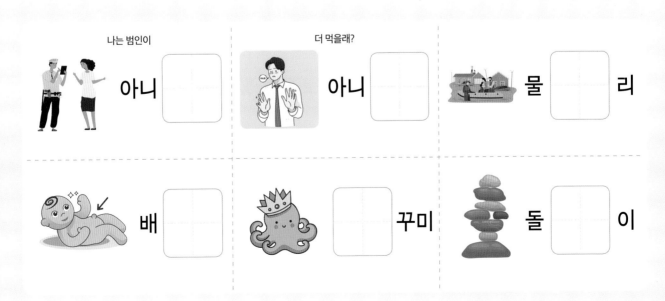

나는 범인이 　아니□

더 먹을래? 　아니□

물□리

배□

□꾸미

돌□이

4 그림에 어울리는 글자를 찾아 'O' 표시를 해 보세요.

① 오랜만 / 오랫만

② 트름 / 트림

③ 오랫동안 / 오래동안

④ 돌맹이 / 돌멩이

⑤ 더 먹을래? 아니오 / 아니요

⑥ 물난리 / 물날리

⑦ 배곱 / 배꼽

⑧ 주꾸미 / 쭈꾸미

⑨ 나는 범인이 아니오 / 아니요

5 보기를 참고하여 빈칸에 알맞은 글자를 써 보세요.

보기　　돌멩이　　오랫동안　　오랜만　　트림

① 아기가 ☐☐ 을 하였다.

② ☐☐☐ 로 탑을 쌓았다.

③ ☐☐☐ 에 친구를 만났다.

④ ☐☐☐☐ 밖에 나오지 못했다.

6 단어 스도쿠의 빈칸에 알맞은 단어를 써 보세요.

보기   주꾸미   배꼽   아니요   물난리

주꾸미		물난리	
	아니요		
	물난리	주꾸미	배꼽
배꼽	주꾸미		물난리

7 이 장에서 배운 어휘 중 두 가지를 골라 어울리는 그림을 그리고 알맞은 문장을 적어 보세요.

40

헷갈리는 단어 3

1 단어를 읽으며 글자를 따라 써 보세요.

설거지

널빤지

골판지

며칠 동안 그림을 그렸다

며칠

(여러 날)

기다랗다

물에 발을

담그다

천둥소리

우레

헤매다

설레다

 Point! '담구다'는 국어사전에 없는 사용하지 않는 표현이야.

2 보기의 글자를 표에서 찾아 'O' 표시를 해 보세요.

며	문	어	군	인	우	널
물	칠	설	거	지	레	빤
헤	매	다	설	어	얼	지
나	들	이	레	담	린	음
골	판	지	다	걸	그	이
엿	기	다	랗	다	음	다

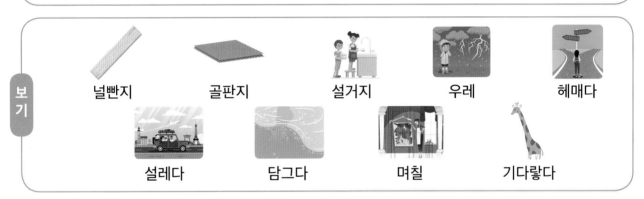

보기

널빤지 골판지 설거지 우레 헤매다

설레다 담그다 며칠 기다랗다

3 빈칸에 알맞은 글자를 써 보세요.

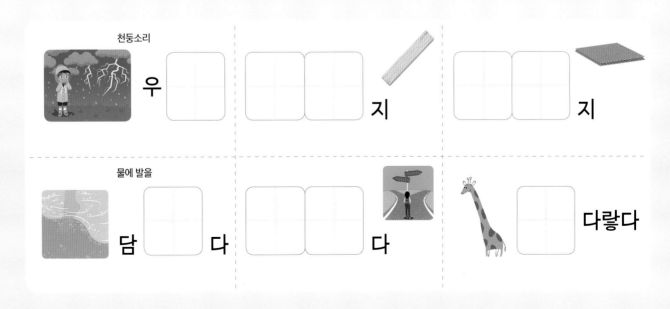

천둥소리
우 ☐ ☐

☐ ☐ 지

☐ ☐ 지

물에 발을
담 ☐ 다

☐ ☐ 다

☐ ☐ 다랗다

173

4 그림에 어울리는 글자를 찾아 'O' 표시를 해 보세요.

① 설걷이 / 설거지

② 설래다 / 설레다

③ 담그다 / 담구다

④ 기다랗다 / 길다랗다

⑤ 골판지 / 널빤지

⑥ 우뢰 / 우레

⑦ 해메다 / 헤매다

⑧ 골판지 / 널빤지

⑨ 며칠 / 몇 일

5 보기를 참고하여 빈칸에 알맞은 글자를 써 보세요.

| 보기 | 설거지 　 설레다 　 우레 　 며칠 |

① ☐☐ 동안 그림을 그리고 있다.

② 하늘에서 ☐☐ 가 쳤다.

③ 밥을 먹고 ☐☐☐ 를 했다.

④ 여행을 가게 되어 마음이 ☐☐☐ .

6 단어 스도쿠의 빈칸에 알맞은 단어를 써 보세요.

보기   헤매다   널빤지   골판지   담그다

헤매다		골판지	담그다
			헤매다
널빤지	헤매다		골판지
담그다			널빤지

7 이 장에서 배운 어휘 중 두 가지를 골라 어울리는 그림을 그리고 알맞은 문장을 적어 보세요.

알쏭달쏭

또또 어휘 도전! 맞춤법
AI도 헷갈리는 맞춤법

부록

1장 ㄱ 소리

1	신발끈을 [묵따]	묶다
2	호텔에서 [묵따]	
3	재료를 [석따]	
4	이가 [썩따]	
5	꽃을 [꺽따]	
6	이를 [닥따]	
7	요리하는 [부억]	
8	해가 뜨는 [동녁]	
9	추수하는 [들력]	

2장 ㄷ 소리 1

1	병이 [낟따]	낫다
2	온도가 [낟따]	
3	알을 [나타]	
4	범인을 [쫃따]	
5	돈을 [졷따]	
6	친구가 [조타]	
7	머리를 [빋따]	
8	도자기를 [빋따]	
9	연필을 [꼳따]	

3장 ㄷ 소리 2

1	주사를 [맏따]	
2	향기를 [맏따]	
3	손이 [다타]	
4	문을 [닫따]	
5	집을 [짇따]	
6	멍멍 [짇따]	
7	번호를 [잍따]	
8	선을 [잍따]	
9	종이를 [찓따]	

4장 ㄹ 소리 | ㅂ 소리

1	물이 [끌타]	
2	수레를 [끌다]	
3	무릎을 [꿀타]	
4	병을 [알타]	
5	정답을 [알다]	
6	돈을 [갑따]	
7	아기를 [업따]	
8	케첩을 [업따]	
9	친구가 [업따]	

정답 188쪽

	5장 연음1	
1	[나겹]	
2	[아거]	
3	[보거]	
4	[마다들]	
5	[미듬]	
6	[마덥따]	
7	[우슴]	
8	[마싣따]	
9	[머싣따]	

	6장 연음 2	
1	[무너]	
2	[어리니]	
3	[구닌]	
4	[이너]	
5	[어름]	
6	[거름] = 걷다	
7	[나드리]	
8	[물렫]	
9	[물략]	

	7장 자음동화 1	
1	[날로]	
2	[물로리]	
3	[별림]	
4	[줄럼끼]	
5	[달라라]	
6	[공농]	
7	[장농]	
8	[음뇨수]	
9	[담녁]	

	8장 자음동화 2	
1	[궁물]	
2	[싱물]	
3	[몽마]	
4	[건는다]	
5	[단는다]	
6	[꼰닙]	
7	[임맛]	
8	[밤물]	
9	[음내]	

정답 188쪽

9장 구개음화

1	[해도지]	
2	[달마지]	
3	[턱빠지]	
4	[책꼬지]	
5	[등바지]	
6	방문이 [다치다]	
7	[가치] = 함께	
8	[금부치]	
9	[은부치]	

10장 자음 축약

1	[추카]	
2	[구콰]	
3	[시케]	
4	블럭을 [싸타]	
5	[따뜨타다]	
6	[의저타다]	
7	[꼬 탄 송이]	
8	[그피]	
9	[자피다]	

11장 모음 축약

1	'이에요' 짧게	크리스마스 ( ).
2	'이에요' 짧게	얼마 ( )?
3	'이에요' 짧게	엄마! 저( ).
4	'가지어' 짧게	이거 너 ( ).
5	'보아' 짧게	여기를 좀 ( ) .
6	'뵈어요' 짧게	나중에 또 ( ).
7	'주시어요' 짧게	아빠, 안아 ( ).
8	'되어서' 짧게	어른이 ( ) 외국에 갈 거야.
9	'안 되어' 짧게	꽃을 꺾으면 ( ).

12장 된소리 1

1	[미역꾹]	
2	[늑때]	
3	[깍뚜기]	
4	[국빱]	
5	[국쑤]	
6	[딱찌]	
7	[낙찌]	
8	[딸꾹찔]	
9	[숙쩨]	

정답 188쪽

		13장 된소리 2	
1	[눈꼽]		
2	[물깜]		
3	[물꼬기]		
4	[눈싸람]		
5	[손뜽]		
6	[손빠닥]		
7	[눈삡]		
8	[글짜]		
9	[갈쯩]		

		14장 된소리 3	
1	[건끼]		
2	[꼳까루]		
3	[푿꼬추]		
4	[돋딴배]		
5	[꼳따발]		
6	[돋뽀기]		
7	[덛쎔]		
8	[돋짜리]		
9	[낟짬]		

		15장 된소리 4	
1	[종이접끼]		
2	[입쑬]		
3	[밥쏟]		
4	[껍찔]		
5	[보름딸]		
6	[새침떼기]		
7	[장빠구니]		
8	[초승딸]		
9	[빵찝]		

		16장 사이시옷 1	
1	차 + 길		
2	나무 + 가지		
3	바다 + 가		
4	등교 + 길		
5	만두 + 국		
6	배 + 길		
7	새 + 길		
8	고추 + 가루		
9	시내 + 가		

정답 188쪽

	17장 사이시옷 2	
1	초 + 불	
2	해 + 빛	
3	혀 + 바닥	
4	비 + 방울	
5	나루 + 배	
6	공기 + 밥	
7	시계 + 바늘	
8	귀 + 병	
9	비누 + 방울	

	18장 사이시옷 3	
1	뒤 + 산	
2	비 + 소리	
3	바위 + 돌	
4	아래 + 집	
5	비 + 자루	
6	수 + 자	
7	부자 + 집	
8	차 + 잔	
9	이 + 자국	

	19장 ㄴ 첨가	
1	노래 + 말	
2	나무 + 잎	
3	비 + 물	
4	아래 + 마을	
5	이 + 몸	
6	내 + 물	
7	깨 + 잎	
8	코 + 물	
9	양치 + 물	

	20장 ㄴ 첨가 | 거센소리	
1	[솜니불]	
2	[담뇨]	
3	[반닐]	
4	[순냥]	
5	[순념소]	
6	수 + 닭	
7	수 + 강아지	
8	수 + 돼지	
9	살 + 고기	

정답 188쪽

또또 어휘 도전! 맞춤법 5급

	21장	ㄹ 탈락
1	딸 + 님	
2	아들 + 님	
3	바늘 + 질	
4	솔 + 나무	
5	활 + 살	
6	하늘 + 님	
7	설 + 달	
8	술 + 가락	
9	저 + 가락	

	22장	'이'로 끝나는 단어
1	[더드미]	
2	[귀거리]	
3	[손잡이]	
4	[옫꺼리]	
5	ㅂㅉㅇ	
6	ㄱㅂㅇ	
7	[하루사리]	
8	[머기]	
9	[기리]	

	23장	'이, 히'로 끝나는 단어
1	따뜻(이, 히)	
2	깨끗(이, 히)	
3	틈틈(이, 히)	
4	깊숙(이, 히)	
5	곰곰(이, 히)	
6	꼼꼼(이, 히)	
7	조용(이, 히)	
8	열심(이, 히)	
9	가만(이, 히)	

	24장	데, 대
1	멋진(데, 대)!	
2	좋은(데, 대)!	
3	어딘(데, 대)?	
4	여행 간(데, 대).	
5	이겼(데, 대).	
6	아무(데, 대)나	
7	엉뚱한 (데, 대)로	
8	마치는 (데, 대)로	
9	꿈꾸는 (데, 대)로	

정답 189쪽

	25장 게, 개	
1	지(게, 개)	
2	집(게, 개)	
3	가(게, 개)	
4	세(게, 개)	
5	무(게, 개)	
6	베(게, 개)	
7	이쑤시(게, 개)	
8	찌(게, 개)	
9	지우(게, 개)	

	26장 레, 래	
1	수(레, 래)	
2	발(레, 래)	
3	카(레, 래)	
4	벌(레, 래)	
5	걸(레, 래)	
6	노(레, 래)	
7	모(레, 래)	
8	빨(레, 래)	
9	고(레, 래)	

	27장 ㅒ, ㅖ	
1	이야기 (얘, 예)기	
2	그 아이 (걔, 계)	
3	저 아이 (쟤, 졔)	
4	차(례, 레)	
5	시(걔, 계)	
6	은(해, 혜)	
7	(계, 걔)단	
8	(걔, 계)산	
9	(예, 얘)의	

	28장 ㅙ, ㅞ	
1	(왜, 웨)그랬니?	
2	(왠, 웬)지	
3	(왠, 웬)일이야?	
4	(왠, 웬) 떡이야.	
5	상(쾌, 퀘)해	
6	(쾌, 퀘)씸해	
7	(꽤, 꿰)매다	
8	(홰, 훼)손	
9	(홰, 훼)방	

29장 ᅬ, ᅦ, ᅢ

1	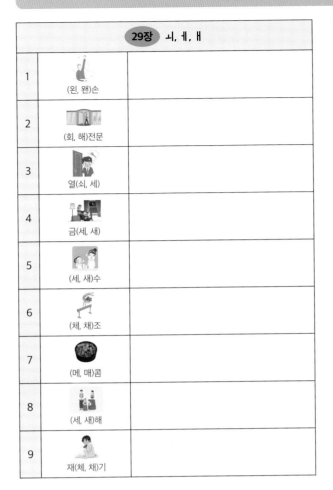 (왼, 왠)손	
2	(회, 해)전문	
3	열(쇠, 세)	
4	금(세, 새)	
5	(세, 새)수	
6	(체, 채)조	
7	(메, 매)콤	
8	(세, 새)해	
9	재(체, 채)기	

30장 소리가 비슷한 단어 1

1	다리가 (저리다, 절이다)	
2	오이를 (저리다, 절이다)	
3	생선을 (조리다, 졸이다)	
4	마음을 (조리다, 졸이다)	
5	정답을 (안다, 않다)	
6	다투지 (안다, 않다)	
7	배를 (주리다, 줄이다)	
8	체중을 (주리다, 줄이다)	

31장 소리가 비슷한 단어 2

1	편지를 (부치다, 붙이다)	
2	우표를 (부치다, 붙이다)	
3	속을 (썩이다, 썩히다)	
4	음식을 (썩이다, 썩히다)	
5	심부름을 (시키다, 식히다)	
6	더위를 (시키다, 식히다)	
7	움직임이 (느리다, 늘이다)	
8	연습 시간을 (늘이다, 눌리다)	
9	고무줄을 (늘이다, 늘리다)	

32장 소리가 비슷한 단어 3

1	팔씨름을 (벌이다, 벌리다)	
2	입을 (벌이다, 벌리다)	
3	물감을 (묻히다, 무치다)	
4	나물을 (묻히다, 무치다)	
5	키가 (자라다, 자르다)	
6	나무를 (자라다, 자르다)	
7	목숨을 (바치다, 받치다)	
8	넘어지는 것을 (바치다, 받치다)	
9	자전거에 (받치다, 받히다)	

정답 189쪽

	33장 소리가 비슷한 단어 4	
1	할머니의 건강을 (바라다, 바래다)	
2	옷이 (바라다, 바래다)	
3	부모를 (여위다, 여의다)	
4	굶주려 (여위다, 여의다)	
5	가방을 (메다, 매다)	
6	신발끈을 (메다, 매다)	
7	학교를 (마치다, 맞히다)	
8	정답을 (마치다, 맞히다)	
9	퍼즐을 (맞히다, 맞추다)	

	34장 소리가 비슷한 단어 5	
1	힘이 (세다, 새다)	
2	물이 (세다, 새다)	
3	입술을 (지그시, 지긋이)	
4	나이가 (지그시, 지긋이)	
5	나무를 (베다, 배다)	
6	새끼를 (베다, 배다)	
7	미소를 (띠다, 띄다)	
8	눈에 (띠다, 띄다)	
9	기구를 (띠우다, 띄우다)	

	35장 소리가 비슷한 단어 6	
1	선생님과 (헤, 해)어지다	
2	신발이 (헤, 해)어지다	
3	선수(로서, 로써)	
4	꿀(로서, 로써)	
5	얼마나 덥(든지, 던지)	
6	포도~ 딸기~ (든지, 던지)	
7	새들이 (날았다, 날랐다)	
8	무거운 돌을 (날았다, 날랐다)	

	36장 소리가 비슷한 단어 7	
1	손가락으로 (가리키다, 가르치다)	
2	학생을 (가리키다, 가르치다)	
3	철조망을 (넘어, 너머)	
4	저 산 (넘어, 너머)	
5	(반드시, 반듯이)	
6	(반드시, 반듯이)	
7	상체에 입는 (윗옷, 웃옷)	
8	겉에 입는 (윗옷, 웃옷)	

정답 189쪽

37장 소리가 비슷한 단어 8

1	(안, 않) 먹다	
2	먹지 (안다, 않다)	
3	물을 (붓다, 붇다)	
4	코가 (붓다, 붇다)	
5	배가 아파 (어떡해, 어떻게)	
6	집에 갈 때 (어떡해, 어떻게)	
7	(부수다, 부시다)	
8	(부수다, 부시다)	

38장 헷갈리는 단어 1

1	곱빼기 / 곱배기	
2	코빼기 / 코배기	
3	뚝빼기 / 뚝배기	
4	대장장이 / 대장쟁이	
5	멋장이 / 멋쟁이	
6	개구장이 / 개구쟁이	
7	나무군 / 나무꾼	
8	사냥군 / 사냥꾼	
9	사기군 / 사기꾼	

39장 헷갈리는 단어 2

1	ㄷㅁㅇ	
2	꺼억! ㅌㄹ	
3	[물날리]	
4	(주, 쭈)꾸미	
5	오래동안	
6	오래만	
7	배( )	
8	나는 범인이 아니(오, 요)	
9	공손한 거절 아니(오, 요)	

40장 헷갈리는 단어 3

1	(설거지, 설겆이)	
2	(널빤지, 널판지)	
3	(골판지, 골빤지)	
4	(며칠, 몇 일)	
5	(기다랗다, 길다랗다)	
6	(담그다, 담구다)	
7	(우레, 우뢰)	
8	(헤매다, 해매다)	
9	(설레다, 설래다)	

정답 189쪽

도전! 맞춤법 정답

1장 ㄱ소리	
1	묶다
2	묵다
3	섞다
4	썩다
5	꺾다
6	닦다
7	부엌
8	동녘
9	들녘

2장 ㄷ 소리 1	
1	낫다
2	낮다
3	낳다
4	쫓다
5	좇다
6	좋다
7	빗다
8	빚다
9	꽂다

3장 ㄷ 소리 2	
1	맞다
2	맡다
3	닿다
4	닫다
5	짓다
6	짖다
7	잊다
8	잇다
9	찢다

4장 ㄹ소리 | ㅂ소리	
1	끓다
2	끌다
3	꿇다
4	앓다
5	알다
6	갚다
7	업다
8	엎다
9	없다

5장 연음 1	
1	낙엽
2	악어
3	복어
4	맏아들
5	믿음
6	맛없다
7	웃음
8	맛있다
9	멋있다

6장 연음 2	
1	문어
2	어린이
3	군인
4	인어
5	얼음
6	걸음
7	나들이
8	물엿
9	물약

7장 자음동화 1	
1	난로
2	물놀이
3	별님
4	줄넘기
5	달나라
6	공룡
7	장롱
8	음료수
9	담력

8장 자음동화 2	
1	국물
2	식물
3	목마
4	걷는다
5	닫는다
6	꽃잎
7	입맛
8	밥물
9	읍내

9장 구개음화	
1	해돋이
2	달맞이
3	턱받이
4	책꽂이
5	등받이
6	닫히다
7	같이
8	금붙이
9	은붙이

10장 자음 축약	
1	축하
2	국화
3	식혜
4	쌓다
5	따뜻하다
6	의젓하다
7	꽃 한 송이
8	급히
9	잡히다

11장 모음 축약	
1	예요
2	예요
3	예요
4	가져
5	봐
6	봬요
7	주세요
8	돼서
9	안 돼

12장 된소리 1	
1	미역국
2	늑대
3	깍두기
4	국밥
5	국수
6	딱지
7	낙지
8	딸꾹질
9	숙제

13장 된소리 2	
1	눈곱
2	물감
3	물고기
4	눈사람
5	손등
6	손바닥
7	눈빛
8	글자
9	갈증

14장 된소리 3	
1	걷기
2	꽃가루
3	풋고추
4	돛단배
5	꽃다발
6	돋보기
7	덧셈
8	돗자리
9	낮잠

15장 된소리 4	
1	종이접기
2	입술
3	밥솥
4	껍질
5	보름달
6	새침데기
7	장바구니
8	초승달
9	빵집

16장 사이시옷 1	
1	찻길
2	나뭇가지
3	바닷가
4	등굣길
5	만둣국
6	뱃길
7	샛길
8	고춧가루
9	시냇가

17장 사이시옷 2	
1	촛불
2	햇빛
3	혓바닥
4	빗방울
5	나룻배
6	공깃밥
7	시곗바늘
8	귓병
9	비눗방울

18장 사이시옷 3	
1	뒷산
2	빗소리
3	바윗돌
4	아랫집
5	빗자루
6	숫자
7	부잣집
8	찻잔
9	잇자국

19장 ㄴ첨가	
1	노랫말
2	나뭇잎
3	빗물
4	아랫마을
5	잇몸
6	냇물
7	깻잎
8	콧물
9	양칫물

20장 ㄴ첨가 | 거센소리	
1	솜이불
2	담요
3	밭일
4	숫양
5	숫염소
6	수탉
7	수캉아지
8	수퇘지
9	살코기

21장 ㄹ 탈락		22장 '이'로 끝나는 단어		23장 '이, 히'로 끝나는 단어		24장 데, 대		25장 게, 개	
1	따님	1	더듬이	1	따뜻이	1	멋진데	1	지게
2	아드님	2	귀걸이	2	깨끗이	2	좋은데	2	집게
3	바느질	3	손잡이	3	틈틈이	3	어딘데	3	가게
4	소나무	4	옷걸이	4	깊숙이	4	여행 간대	4	세게
5	화살	5	베짱이	5	곰곰이	5	이겼대	5	무게
6	하느님	6	굼벵이	6	꼼꼼히	6	아무 데나	6	베개
7	섣달	7	하루살이	7	조용히	7	엉뚱한 데로	7	이쑤시개
8	숟가락	8	먹이	8	열심히	8	마치는 대로	8	찌개
9	젓가락	9	길이	9	가만히	9	꿈꾸는 대로	9	지우개

26장 레, 래		27장 ㅐ, ㅖ		28장 ㅙ, ㅞ		29장 ㅚ, ㅔ, ㅐ		30장 소리가 비슷한 단어 1	
1	수레	1	얘기	1	왜 그랬니?	1	왼손	1	저리다
2	발레	2	걔	2	왠지	2	회전문	2	절이다
3	카레	3	쟤	3	웬일이야?	3	열쇠	3	조리다
4	벌레	4	차례	4	웬 떡이야	4	금세	4	졸이다
5	걸레	5	시계	5	상쾌해	5	세수	5	안다
6	노래	6	은혜	6	괘씸해	6	체조	6	않다
7	모래	7	계단	7	꿰매다	7	매콤	7	주리다
8	빨래	8	계산	8	훼손	8	새해	8	줄이다
9	고래	9	예의	9	훼방	9	재채기		

31장 소리가 비슷한 단어 2		32장 소리가 비슷한 단어 3		33장 소리가 비슷한 단어 4		34장 소리가 비슷한 단어 5		35장 소리가 비슷한 단어 6	
1	부치다	1	벌이다	1	바라다	1	세다	1	헤어지다
2	붙이다	2	벌리다	2	바래다	2	새다	2	해어지다
3	썩이다	3	묻히다	3	여의다	3	지그시	3	선수로서
4	썩히다	4	무치다	4	여위다	4	지긋이	4	꿀로써
5	시키다	5	자라다	5	메다	5	베다	5	덥던지
6	식히다	6	자르다	6	매다	6	배다	6	포도든지 딸기든지
7	느리다	7	바치다	7	마치다	7	띠다	7	날았다
8	늘리다	8	받치다	8	맞히다	8	띄다	8	날랐다
9	늘이다	9	받히다	9	맞추다	9	띄우다		

36장 소리가 비슷한 단어 7		37장 소리가 비슷한 단어 8		38장 헷갈리는 단어 1		39장 헷갈리는 단어 2		40장 헷갈리는 단어 3	
1	가리키다	1	안 먹다	1	곱빼기	1	돌멩이	1	설거지
2	가르치다	2	먹지 않다	2	코빼기	2	트림	2	널빤지
3	넘어	3	붓다	3	뚝배기	3	물난리	3	골판지
4	너머	4	붇다	4	대장장이	4	주꾸미	4	며칠
5	반드시	5	어떡해	5	멋쟁이	5	오랫동안	5	기다랗다
6	반듯이	6	어떻게	6	개구쟁이	6	오랜만	6	담그다
7	윗옷	7	부수다	7	나무꾼	7	배꼽	7	우레
8	웃옷	8	부시다	8	사냥꾼	8	아니오	8	헤매다
				9	사기꾼	9	아니요	9	설레다

AI도 헷갈리는 맞춤법

	⊙	⊗		⊙	⊗
1	감잣국	감자국	31	닦달	닥달
2	같잖다	갖잖다	32	단옷날	단오날
3	개수	갯수	33	닭개장	닭계장
4	건더기	건데기	34	대가	댓가
5	건드리다	건들이다	35	되레	되려
6	게거품	개거품	36	뒤뜰	뒷뜰
7	곯아떨어지다	골아떨어지다	37	뒤처지다(낙오)	뒤쳐지다(젖혀짐) (O)
8	공붓벌레	공부벌레	38	뒤통수	뒷통수
9	괜스레	괜시리	39	떡볶이	떡볶기
10	구시렁거리다	궁시렁거리다	40	막냇동생	막내동생
11	굳이	구지	41	말발	말빨
12	귀갓길	귀가길	42	매스껍다	메스껍다(O)
13	그러고는(그리하고)	그리고는(그리고~) (O)	43	머릿속	머리속
14	깔때기	깔대기	44	며칠	몇일
15	깜빡이	깜박이	45	무난하다	문안하다(안부) (O)
16	깨닫다	깨닿다	46	무르팍	무릎팍
17	꺼림칙하다	께름칙하다(O)	47	무릅쓰다	무릎쓰다
18	꺼메지다	꺼매지다	48	뭉게구름	뭉개구름
19	껍질째	껍질채	49	밀어붙였다	밀어부쳤다
20	꼭짓점	꼭지점	50	바뀌어	바껴
21	꾀죄죄하다	꾀제제하다	51	번갯불	번개불
22	끼어든다	끼여든다	52	북엇국	북어국
23	나침반	나침판(O)	53	빈털터리	빈털털이
24	낚싯줄	낚시줄	54	사랑스러운	사랑스런
25	날아가다	날라가다	55	생떼	땡깡(일본어)
26	널따랗다	넓다랗다	56	생뚱맞다	쌩뚱맞다
27	널브러지다	널부러지다	57	성대모사	성대묘사
28	덩굴(넝쿨)	덩쿨	58	세뇌(뇌에 주입)	쇠뇌(군사무기) (O)
29	노란색	노랑색	59	쓰레받기	쓰레받이
30	뇌졸중	뇌졸증	60	아니에요	아니예요

	⊙	✕		⊙	✕
61	아등바등	아둥바둥	91	족집게	쪽집게
62	안갯속	안개속	92	존댓말	존대말
63	알나리깔나리(어린아이 나리)	얼레리꼴레리	93	졸리다	졸립다
64	어이없다	어의없다	94	주십시오	주십시요
65	얽히고설키다	얽히고섥히다	95	짓궂다	짖궂다
66	여태껏	여지껏	96	쩨쩨하다	째째하다
67	연필깎이	연필깎기	97	찜찜하다	찝찝하다(O)
68	오지랖	오지랍	98	착잡하다	착찹하다
69	우려먹다	울궈먹다	99	천장	천정
70	우윳빛	우유빛	100	초점	촛점
71	움츠러들다	움추러들다	101	최댓값	최대값
72	움큼	웅큼	102	최솟값	최소값
73	웃어른	윗어른	103	칠흑	칠흙
74	웬걸	왠걸	104	코털	콧털
75	웬만큼	왠만큼	105	타이르다	타일르다
76	위쪽	윗쪽	106	통째로	통채로
77	위층	윗층	107	퍼레지다	퍼래지다
78	육개장	육계장	108	폭발	폭팔
79	으스대다	으시대다	109	풍비박산	풍지박산
80	이따가(나중에)	있다가(머물다가) (O)	110	하굣길	하교길
81	이로써	이로서	111	해님	햇님
82	인마	임마	112	해코지	해꼬지
83	자투리	짜투리	113	허예지다	허얘지다
84	잠그다	잠구다	114	헷갈리다	헤깔리다
85	장맛비	장마비	115	호숫가	호수가
86	장밋빛	장미빛	116	혼잣말	혼자말
87	장아찌	짱아찌	117	화병(분노)	홧병
88	재깍재깍(O)	째깍째깍(O)	118	횟수	회수(반품) (O)
89	전세방	전셋방	119	횡격막	횡경막
90	젓갈	젖갈	120	흐리멍덩하다	흐리멍텅하다